U0259833

杨力 —— 编著

舌尖上的节气厨房

中国轻工业出版社

图书在版编目（CIP）数据

舌尖上的节气厨房 / 杨力编著. -- 北京：中国轻

工业出版社，2025.2. -- ISBN 978-7-5184-5312-2

I. TS971.202

中国国家版本馆 CIP 数据核字第 2024RE7055 号

责任编辑：瀚　文　　　　责任终审：许春英　　设计制作：悦然生活
策划编辑：付　佳　瀚　文　责任校对：朱燕春　　责任监印：张京华

出版发行：中国轻工业出版社（北京鲁谷东街 5 号，邮编：100040）

印　　刷：北京博海升彩色印刷有限公司

经　　销：各地新华书店

版　　次：2025 年 2 月第 1 版第 1 次印刷

开　　本：710 × 1000　1/16　印张：11

字　　数：250 千字

书　　号：ISBN 978-7-5184-5312-2　定价：58.00 元

邮购电话：010-85119873

发行电话：010-85119832　010-85119912

网　　址：http://www.chlip.com.cn

Email：club@chlip.com.cn

版权所有　侵权必究

如发现图书残缺请与我社邮购联系调换

240636S2X101ZBW

序

　　人生活在天地之中，"天人合一"是养生长寿的重要原则，而二十四节气是"天人合一"养生的黄金准则，因为二十四节气反映了一年 365 天阴阳消长、寒热温凉的变化，并与人体的心、肝、脾、肺、肾相应，顺之则健，逆之则病。所以，顺应节气养生，是养生的重中之重。

　　本书把美食和节气相结合，精选上百种节气食材，做出时令美味，让你吃得健康，更吃得顺心。

　　最后，祝所有中国人健康长寿百岁！

2024.8.28.
北京

目 录

食味 夏

食韵 秋

白露 养阴润肺，防泻肚

秋分 滋阴润燥，防过敏、防胃病

寒露 养阴生津，补脾健胃

霜降 适宜进补，做好防寒

食藏 冬

二十四节气七言诗

地球绕着太阳转，绕完一圈是一年。

一年分成十二月，二十四节紧相连。

按照公历来推算，每月两气不改变。

上半年是六、廿一，下半年逢八、廿三。

这些就是交节日，有差不过一两天。

二十四节有先后，下列口诀记心间：

一月小寒接大寒，二月立春雨水连；

惊蛰春分在三月，清明谷雨四月天；

五月立夏和小满，六月芒种夏至连；

七月小暑和大暑，立秋处暑八月间；

九月白露接秋分，寒露霜降十月全；

立冬小雪十一月，大雪冬至迎新年。

抓紧季节忙生产，种收及时保丰年。

注 二十四节气起源于黄河流域，它反映了太阳一年在
黄道上运动的 24 个特定的位置，其不仅是中国人农
事活动的重要依据，也是预测冷暖雨雪的参考。为
了便于记忆，人们把二十四节气编成了朗朗上口的
小诗歌。

春

食鲜

立春

增辛少酸，养阳助生发

立春： 2月3日、4日或5日。

立春气候： 立春的"立"字，就是开始的意思，也就是说春天开始了。但大风低温仍是"主打"天气，真正的春天还未来临。此时万物之象、天地之气已悄悄启动，而且立春后气温会明显回升。

立春三候： 一候东风解冻；二候蛰虫始振；三候鱼陟负冰。

> 注 "三候"指每个节气被分为三个阶段，每个阶段称为一候，每候约为5天，三候共15天，构成一个完整的节气。

古人的立春，是这样吃的

立春咬春，病不沾身

《四时宝镜》载："立春，食芦菔、春饼、生菜，号春盘。"

《本草纲目》载："五辛菜，乃元旦立春，以葱、蒜、韭、蓼、蒿、芥辛嫩之菜，杂和食之，取迎新之义，谓之五辛盘。"

大蒜

葱

立春当天民间有"咬春"的习俗，"咬春"就是要咬住春天，不让春天溜走。此外，"咬春"还有咬出一年健康好福气的美好寓意。

怎样"咬春"呢？那就是吃春饼、春盘。

春饼：春饼在北方是用面粉做的，在南方春饼是用米粉做的，也叫春卷，它们都是甘味的，能健脾。春饼里常常卷一些适合春天吃的菜，比如绿豆芽、韭菜、萝卜苗、香椿芽等。

春饼

春卷

春盘：春盘就是一盘子春天新长出来的"辛"味蔬菜，取其谐音为"新"，寓意新一年的开始。古人最初在春盘中放的是蒜苗、薤头叶子、韭菜、芸薹、香菜这五种辛味蔬菜，因此叫作五辛盘，也叫作"馈春盘"。

现代人可选择芹菜、韭菜、香菜、荠菜、萝卜缨搭配五辛盘。芹菜祛风气，韭菜行血气，香菜通阳气，荠菜利肝气，萝卜缨消食气。

多吃甘味食物

《素问·脏气法时论》载："肝主春……肝苦急，急食甘以缓之。"

立春后，肝气逐渐旺盛，而肝气旺则容易伤脾，因此可以适量多吃甘味食物以补脾。

中医所说的甘味食物不仅指食物吃起来是甜的，还应具有滋补、和中的功效，可以健脾和胃、益气生津。甘味食物包括红枣、红薯、蜂蜜、南瓜、胡萝卜、香蕉、甘蔗、葡萄、甘草、土豆、山药、糯米等。

少吃酸味食物

春季不是大补的季节，饮食上应以排毒为主。而在五味中，酸味入肝经，有收敛之性，而春天我们需要做的是疏肝，把房间的门窗打开，让里面的浊气排出去。因此，建议春季少吃些酸味食物，如山楂、李子。

山楂

李子

杨力教授养生小课堂

自制醒神茶
缓解春困，减少疲倦感

中医认为，春困是因冬天没有调理好，到了春天需要能量生发之时，精气不足所致。竹茹化痰、退热；麦芽、陈皮行气消食；桑叶疏风散热；四者搭配可防春困，使人神清气爽。取竹茹3克，麦芽5克，桑叶5克，陈皮10克。将上述材料煮水或开水冲泡代茶饮即可。这是一天的用量，可连喝5~7天。

杨力教授养生小课堂

立春后血压波动大，
荷竹代茶饮效果好

立春时节气温多变，忽冷忽热，忽燥忽湿。这很容易引起人体血管的收缩和舒张，导致血压波动大，诱发心脑血管疾病。可取竹叶10克，干荷叶5克，用沸水闷泡5分钟代茶饮。

荠菜

俗语说："三月三，荠菜当灵丹。"荠菜平和，能去火却不伤身，祛寒而不上火，还能清肝明目。

健康吃法： 做馅、炒食、凉拌。

菠菜

立春时节的菠菜茎长、叶圆、口感厚实，可滋阴平肝，清理胃肠热毒，有助于预防头晕目眩和贫血等。

健康吃法： 煮汤、炒食。

韭菜

立春的新韭菜非常鲜嫩，生食辛香，烹熟后滋味柔和，味道鲜美，可健胃提神，滋肾固精。

健康吃法： 炒食、做馅。

立春
推荐食材

白萝卜

春天初现咽喉微痛或嘶哑，口干舌燥，轻微干咳时，可以生吃几片白萝卜来缓解。白萝卜味道甘辛，能帮助解毒润肺、除痰生津、消食下气。

健康吃法： 生食、凉拌、煮汤。

山药

《神农本草经》载："山药味甘温，补虚羸，除寒热邪气；补中，益气力，长肌肉。"春天吃山药能防止肝气旺伤脾。

健康吃法： 炒食、蒸煮。

阴阳双补

韭菜炒鸡蛋

材料 韭菜 150 克，鸡蛋 2 个。

调料 盐 2 克。

做法

1 韭菜洗净，切末；鸡蛋打成蛋液；将韭菜末放入蛋液中，加盐搅匀。

2 锅置火上，倒油烧热，倒入混合后的韭菜鸡蛋液，炒熟即可。

功效 韭菜温补肾阳，新韭菜更是"餐桌一束金"，搭配滋阴益血的鸡蛋炒食，能达到阴阳双补的功效。

补肝明目

菠菜猪肝汤

材料 猪肝 80 克，菠菜 200 克，枸杞子 5 克。

调料 淀粉、香油、盐各适量。

做法

1 猪肝洗净，切片，用淀粉上浆；菠菜洗净，焯水后切段。

2 锅内倒适量水烧开，放入猪肝，加入菠菜段、枸杞子烧沸，加盐调味，淋上香油即可。

功效 猪肝补肝明目效果好，搭配补血养血的菠菜、枸杞子煮汤，有助于立春时节养肝。

东坡羹

苏轼的东坡羹是将大白菜、荠菜、白萝卜等洗净，在锅壁及瓷碗上涂抹少许生油后，将蔬菜一起下到锅中沸水里，加米汤及姜煮菜羹，然后在上面架上笼屉蒸米饭，饭熟羹也可以吃了，可谓一举两得。

材料 茼蒿 150 克，黄豆芽 50 克，大白菜、白萝卜各 100 克。

调料 米汤适量，姜片少许。

做法

1 茼蒿、大白菜、白萝卜分别洗净、切碎；黄豆芽洗净，切段。

2 锅内倒入清水，放姜片调味，下大白菜碎和白萝卜碎略煮，水烧开时倒入茼蒿碎、黄豆芽段，大火烧开。将米汤倒入勾芡，转小火煮 15 分钟即可。

功效 茼蒿行肝气、清心除烦；黄豆芽属发芽菜，能提升身体的阳气；大白菜和白萝卜生津止渴。搭配姜和米汤做成羹，不仅香气浓郁，有自然之甘甜，而且能温补脾胃，将冬天身体中陈积的"毒"发散出去。

升阳气
清瘀滞

《东坡羹颂》是苏轼为自己发明的美味写的诗文，以赞扬东坡羹的鲜美，即『东坡羹，盖东坡居士所煮菜羹也。不用鱼肉五味，有自然之甘。』

\ **烹饪妙招** /

这道羹的材料可选用其他应季菜（如菠菜、荠菜等）烹制，味道鲜美，也能助阳气生发，排毒抗毒。

荠菜粥

　　春季以养肝为主，而荠菜粥就有明目利肝的功效。冬天积存的寒气遇春天阳气生发，人很容易上"虚火"，使抵抗力下降，导致感冒、发热等，而荠菜也有祛陈寒的功效。

材料　荠菜100克，大米60克。
调料　盐、香油各少许。
做法
1　荠菜洗净、切碎；大米淘洗干净。
2　大米放入锅中，加适量清水，大火烧开10分钟后，倒入荠菜碎煮至粥稠，加盐调味，淋上香油即可。

更多搭配

☑ 荠菜+鸡蛋 = 清肝明目、补益脾胃
☑ 荠菜+豆腐 = 清热解毒、利尿除湿

《本草纲目》载："荠菜粥明目利肝。"

　　荠菜性凉，味甘、淡，归肝、脾、膀胱经，有清热利水、平肝明目的功效，常用于咯血、目赤疼痛等。

明目利肝

雨水

湿气重，除湿养脾是关键

雨水： 2月18日、19日或20日。

雨水气候： 雨水是二十四节气中的第2个节气。太阳黄经达330度时，气温回升、降水增多，故取名为雨水。雨水过后，万物萌动，气象意义上的春天就要到了。

雨水三候： 一候獭祭鱼；二候鸿雁来；三候草木萌动。

古人的雨水，是这样吃的

元宵遇雨水，北元宵、南汤圆

雨水节气前后，有一个很重要的传统节日，就是农历正月十五——元宵节，这是一年（农历年）中的第一个月圆之夜。在元宵节，北方吃元宵，南方吃汤圆，它们都是团圆和睦的象征。

元宵是滚出来的： 先和好馅，取一小块馅蘸点水，放在干糯米粉里摇，然后蘸水，再放进糯米粉里摇，反复几次，摇成乒乓球那么大即是元宵。元宵外皮粗糙，有嚼头，可以炸，也可以煮，不过元宵摇好之后要马上煮了吃，否则口感会变差。北方比较流行吃元宵。

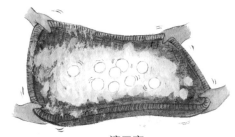

滚元宵

汤圆是包出来的：糯米粉加水搅成团，醒透；各种馅料搅拌均匀。用手揪一小团面团，挤压成圆片状，再把馅包进去，团成圆球形即是汤圆。汤圆外皮光滑，适合煮着吃，吃起来比较软糯。南方比较流行吃汤圆。

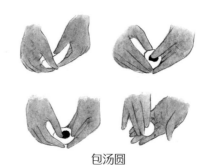

包汤圆

吃疏肝健脾的食物

《备急千金要方》载："春七十二日，省酸增甘，以养脾气。"

注 《黄帝内经》把一年分为五个季节，春、夏、长夏、秋、冬，以对应人体肝、心、脾、肺、肾五脏，所以有一季"七十二日"之说。

雨水时节，饮食要注意疏肝健脾，可食用白萝卜、南瓜、小米等以避免肝火太盛伤脾。同时，由于降雨增多，还应注意祛脾湿，可适当多食生姜、山药、红薯、芋头、冬瓜、薏米等。

山药

芋头

白萝卜

南瓜

红薯

杨力教授养生小课堂

春季流感多发，
生姜红糖葱白粥解表散寒

雨水时节，北方的冷空气和南方的暖风相持不下，寒潮来袭，人易患流感。生姜红糖葱白粥可解表散寒，调理感冒不适。取大米100克，生姜、葱白段各30克，熬煮成粥，加红糖搅匀即可。

春笋

"尝鲜无不道春笋。"春天的鲜笋破土而出，可疏肝健脾。春笋味道鲜美，有化痰下气、清热除烦、通利二便的功效。

健康吃法：炒食、煮食。

莴笋

雨水时节吃新鲜莴笋，可开通疏利、消积下气、利尿通便等，防止因风大物燥而上火。莴笋主要食用肉质嫩茎，嫩叶也可食用，且营养丰富。

健康吃法：凉拌、炒食。

豆芽

豆芽外形像一把如意，所以又称"如意菜"。豆芽清热解毒、利尿清火，适合目赤肿痛、便秘等易"上火"的人。豆芽搭配韭菜炒食或凉拌能补肾阳，以应对雨水时节的春寒。

健康吃法：凉拌、炒食。

雨水推荐食材

牛肉

古有"牛肉补气，功同黄芪"之说，春季气温忽高忽低，很多人易患感冒，牛肉很适合温补，有助于健脾胃、增强抵抗力。

健康吃法：炒食、炖汤。

杨力教授养生小课堂

腹泻或慢性腹泻，用山药薏米红枣粥调理

雨水时节天气仍多变，忽冷忽热，昼夜温差大，如果脾肾虚弱，再不注意饮食，则极易发生腹泻。取糯米 80 克，山药、薏米各 20 克，芡实 10 克，红枣 3 枚，冰糖 5 克，一起煮粥，可帮助调理腹泻。

清热除湿

鸡蛋木耳炒莴笋

材料 莴笋300克，水发木耳100克，鸡蛋2个。

调料 盐2克。

做法

1 莴笋去皮，洗净，切丝；水发木耳洗净，切丝；鸡蛋磕开，打散，搅匀。

2 平底锅倒油烧热，倒入蛋液，转小火煎成蛋皮，盛出，凉凉，切成蛋丝。

3 锅内放油加热，倒入莴笋丝和木耳丝翻炒2分钟，倒入蛋丝炒匀，加盐调味即可。

清热润燥

白萝卜炖牛腩

材料 牛腩400克，白萝卜250克。

调料 姜片10克，料酒、酱油各5克，大料2个，葱末、盐、胡椒粉各适量。

做法

1 牛腩洗净，切块，焯烫捞出；白萝卜洗净，去皮，切块。

2 砂锅置火上，放入牛腩块、酱油、料酒、姜片、大料和适量清水，大火烧沸后转小火炖2小时。

3 加入白胡萝卜块，继续炖至熟烂，放入盐、胡椒粉拌匀，撒上葱末即可。

功效 春天吃牛肉可补虚强身，搭配生津润肺的白萝卜炖食，有清热润燥、润肠通便的作用。

豆芽鸡丝大米粥

《粥谱素食说略》载："黄豆芽粥补不足，绿豆芽去火并助生气。"春生万物，春季吃豆芽能助五脏从冬藏转向春生。豆芽和鸡丝一起煮粥可祛湿健脾、补气、生津润燥，雨水时节吃可帮助缓解春困、春燥。

材料　大米、绿豆芽各50克，糯米20克，鸡胸肉100克。

调料　姜蓉10克，料酒5克，葱花、盐各适量。

做法

1 大米、糯米洗净后，用清水浸泡30分钟；鸡胸肉洗净，放入沸水中加料酒煮5分钟，捞出沥干，将肉撕成条状备用；绿豆芽择洗干净，用沸水焯烫后捞出。

2 锅内加清水大火烧开，倒入大米、糯米、姜蓉、鸡丝一起煮沸，转小火熬煮20分钟，加入焯好的绿豆芽煮2分钟，用勺子顺时针多搅拌几次，避免煳锅，煮至粥浓稠，加盐调味，撒上葱花即可。

更多搭配

- ☑ 豆芽 + 韭菜 = 保护心脏，解毒，防上火
- ☑ 豆芽 + 鸡蛋 = 促消化，调节免疫力
- ☑ 豆芽 + 鲫鱼 = 清热解毒，利尿通络

常见豆芽

黄豆芽：健脾利湿，清热解毒。蛋白质、B族维生素含量高，春天适量食用可预防口角炎。

绿豆芽：清热效果更胜一筹，适合减肥的人食用。

黑豆芽：疏肝理气，补肾滋阴。黑豆芽富含钙、胡萝卜素等营养成分，可抗氧化、护血管、滋润皮肤。

豌豆芽：清胃热，止消渴吐逆，利小便。特别适合吃得多、动得少，食积内而化热致胃热者。

补养
五脏

腌笃鲜

腌笃鲜为江浙地方菜,"腌"指咸肉,"笃"是方言中"小火咕嘟咕嘟慢炖"的烹饪状态,"鲜"指的是鲜肉和鲜笋。腌笃鲜被誉为"春鲜第一味",是为春天而生的美味佳肴,汤汁又白又浓,口感鲜咸,搭配春笋的清香脆嫩,体现出春天的生机。

材料 春笋 200 克,咸肉、猪五花肉各 80 克。

调料 黄酒 20 克,姜片 6 克,盐少许。

做法

1 春笋去皮,切块;五花肉和咸肉洗净,切片;笋块、猪肉片、咸肉片分别焯一下,捞出。

2 砂锅中加入清水、猪肉片、咸肉片,大火烧开,加入黄酒、姜片。

3 转中火焖至肉半熟,再加入笋块,煮至熟透,加盐调味即可。

功效 笋是竹子的嫩芽,春笋应春风而发,新鲜的春笋清热通便、疏肝解郁,搭配鲜肉、咸肉煮汤,不仅口感鲜咸,令人回味无穷,还能补充营养,增强抵抗力,令人不惧春困、春燥。

夜打春雷第一声,满山新笋玉棱棱。
买来配煮花猪肉,不问厨娘问老僧。
——《春笋图》

笋,怎一个"鲜"字了得,"雪沫乳花浮午盏,蓼茸蒿笋试春盘。人间有味是清欢。"早在宋代,苏轼就说了笋是春,是鲜,是清欢。笋之鲜美,不亲尝是不能得其要领的。

笋有冬笋和春笋。冬笋以鲜见长,肉质更加细腻软嫩,价格较贵;春笋更易得,水分更足,青涩脆嫩,质地略粗。

降浊
升清

\ 烹饪妙招 /

鲜笋焯一下可去除其中的草酸
和涩味；咸肉有咸味，盐要酌
量少放。

惊蛰

培阴固阳,护肝正当时

惊蛰: 3月5日、6日。

惊蛰气候: 惊蛰过后,天气开始转暖,地表水蒸发形成云,云与云摩擦产生雷。春雷响了,惊醒了冬眠的动物们。南方暖湿气团开始活跃,气温明显回升,树木开始发芽,春播作物开始播种。

惊蛰三候: 一候桃始华;二候仓庚鸣;三候鹰化为鸠。

古人的惊蛰,是这样吃的

饮食清淡、温补以护肝

惊蛰时节天气明显变暖,顺应阳气生发的饮食原则是培阴固阳、益肝脾气,可吃一些补正益气的食疗粥来增强体质,如薏米山药粥、南瓜小米粥等。易肝火旺的人可以喝点菊花茶、金银花茶、银耳汤等。此时饮食宜平淡清温,可多吃蔬菜,如黄豆芽、香菜、春笋、苋菜、茼蒿、菠菜、油菜、芹菜等,有利于将体内的积热散发出来,达到清热润燥的目的。

菊花茶

苋菜

芹菜

甘味食物不可少

《汤液本草》载："气味辛甘发散为阳，酸苦涌泄为阴。"

春季食甘以益阳，甘味食物能补脾气、润燥、补气血，使脾脏强健，同样可以辅助养护肝气。惊蛰阳气生发，可适当多食味甘的食物，如谷类的糯米、黑米、高粱、燕麦，蔬果类的梨、南瓜、红枣、桂圆、荸荠等。

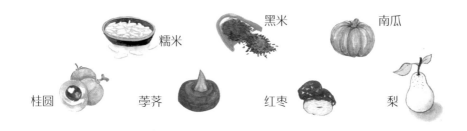

糯米　黑米　南瓜

桂圆　荸荠　红枣　梨

吃猪头肉、吃"炒虫"

惊蛰前后是农历二月二"龙抬头"的日子，民间传说这是主管云雨的龙王抬头之日，表示春季万物复苏，蛰伏的龙开始活动，雨水会增多，一年的农事活动即将开始。因此，农民在过年的时候杀猪吃肉，会把猪头留到二月初二祭龙王，以祈风调雨顺。后来，"二月二"吃猪头肉的习俗就保留了下来。

惊蛰天气渐暖，"春雷惊百虫"，"百虫"都不愿在土里待着了，纷纷出洞，因此细菌虫害开始增多。此时有全家人聚在一起吃"炒虫"的习俗——炒黄豆或炒玉米，谁吃得多、吃得响，就象征着消灭虫害的功劳大。

吃猪头肉　炒黄豆　炒玉米

苋菜

苋菜有补肝血、清热解毒、通利小便、消炎消肿的功效。民间一向视苋菜为"补血佳蔬""长寿菜"。

健康吃法： 凉拌、煮汤。

茼蒿

《本草纲目》载茼蒿："安心气，养脾胃，消痰饮，利肠胃。"惊蛰时节的茼蒿最鲜嫩，食用茼蒿能安神补气、调养脾胃、缓解春困。

健康吃法： 凉拌、炒食、做馅。

惊蛰推荐食材

荸荠

荸荠味甜多汁，清脆可口，既可作水果，又能当蔬菜，有"地下雪梨"之美誉，其性寒、味甘，能清热生津、明目润燥、利尿通便。

健康吃法： 蒸煮、炒食。

杨力教授养生小课堂

**春日过敏，
蜂蜜蒸柚子巧缓解**

惊蛰时节万物复苏，气候变化、花粉、尘螨等都很容易导致过敏，使人出现喘息、咳嗽、打喷嚏、流鼻涕、鼻痒、流眼泪等症状。此时，可用蜂蜜蒸柚子来缓解。取柚子1个，去皮，切碎，加适量蜂蜜，隔水蒸至烂熟。每天早晚各冲适量温开水服1碗。

梨

民间素有"惊蛰吃梨，一年不咳"之说。惊蛰时节风大干燥，梨性寒味甘，有养阴生津、清热降火、养血生肌等功效，有助于预防并调理咳嗽。

健康吃法： 生食、汤羹、榨汁。

苋菜笋丝汤

补肝
利水

材料　苋菜150克，冬笋90克，胡萝卜、鲜香菇各60克。

调料　盐2克，蘑菇高汤、姜末、料酒各适量。

做法

1 苋菜去根洗净，焯水；冬笋去老皮，洗净，切丝，煮熟；香菇洗净去蒂，切丝，焯水；胡萝卜洗净，切丝。

2 锅内放油烧热，煸香姜末，放入胡萝卜丝煸熟，烹入料酒，倒入适量蘑菇高汤，大火煮沸后放入笋丝、香菇丝煮3分钟，放入苋菜煮熟，加盐调味即可。

蒜蓉茼蒿

清热
解毒

材料　茼蒿250克，大蒜25克。

调料　盐适量。

做法

1 茼蒿择洗干净，切段；大蒜去皮，洗净，剁成蓉。

2 锅置火上，倒油烧热，放蒜蓉炒香，放入茼蒿翻炒至熟，加盐调味即可。

功效　茼蒿能和脾胃、清心养血、润肺消痰，搭配大蒜能温补脾胃、解毒杀虫，很适合细菌繁殖迅速的惊蛰时节食用。

百合荸荠雪梨羹

如果春天感到口干舌燥、心烦发困，不妨试试百合荸荠雪梨羹，可让人恢复元气，充满活力。

材料 荸荠、鲜百合各50克，雪梨100克。
调料 冰糖适量。

做法

1 将鲜百合掰瓣洗净；荸荠去皮洗净，切成小丁；雪梨去皮、核，洗净切丁。

2 锅里加入适量的水，放入冰糖、荸荠丁、雪梨丁、鲜百合，大火煮沸，用小火煮20分钟即可。

功效 雪梨生津润燥、清热化痰；百合润肺止咳，宁心安神；荸荠清热、消积。搭配冰糖制成汤羹清甜可口，滋润心肺，化痰润燥的效果更佳。

惊蛰这一天，民间有吃梨的风俗。梨和"离"字谐音，寓意让害虫远离庄稼，保证全年的好收成。梨味甘，有润肺止咳、滋阴清热的功效。不过如果咳嗽有痰，就不适合吃梨了，可用梨皮煮水喝。寒性咳嗽者不适合吃梨。

清热利湿

特别叮嘱：体质寒凉者慎食

杨力教授养生小课堂

惊蛰咳嗽，荸荠水来缓解

《本草再新》载荸荠："清心降火，补肺凉肝，消食化痰，破积滞，利脓血。"荸荠可清热生津、润肺化痰，荸荠煮水，可帮助缓解咳嗽多痰、咽干喉痛等，同时可帮助缓解流感引起的高热症状。取荸荠5个，去皮洗净，切小块，倒入清水锅中煮10分钟，放温饮用即可。

五谷露

惊蛰是整个春天生长力最旺盛的时候，此时需要顺着这股生长力将体内的沉毒发出来，并将其清除。此时要多食充满生发之气的食物，如种子，此时它们的生发之力十分强。

材料　小米、糙米、花生、荞麦、燕麦各30克，藕粉10克。
调料　冰糖适量。
做法
1 小米、糙米、花生、荞麦、燕麦洗净，放入锅中加水煮开，转小火再煮15分钟，加冰糖至化开。
2 连汤带米一起倒入料理机，打碎成汤后，倒入碗中。
3 将藕粉用温开水化开，然后倒入碗中搅拌均匀即可。
功效　小米、糙米、花生、荞麦、燕麦都是生发力强的种子，性味温和，可更快地帮助身体发陈，除病祛毒，润燥生津。

除病
祛毒

小米

小米在贫瘠的土壤里也能生长，生发力特别强，得土气也最厚，最养脾胃。病后或产后虚弱的人可常食小米来调理身体。

糙米

糙米是脱壳后仍保留皮层和胚的米。中医认为，糙米性温，能健脾养胃、调和五脏，促进消化吸收。

花生

生吃花生养胃下痰，熟吃开胃醒脾。花生可帮助润燥下火，缓解干咳。

荞麦和燕麦

荞麦和燕麦都属于麦类。《饮膳正要》载："春气温，宜食麦，以凉之。"意思是说，春天气候温和，应食用麦类食物以清热，荞麦和燕麦即能益脾养心。

藕粉

藕粉不仅可养护脾胃，还可以增强这碗五谷露的口感。

春分

解春困，清肝火

春分：3月20日、21日或22日。

春分气候：春分是春季的中分点，春分之后，北半球各地昼渐长、夜渐短，南半球各地夜渐长、昼渐短。春分时节我国东部的大多数地区已经进入温暖湿润的仲春季节，适于大多数农作物生长。

春分三候：一候元鸟至；二候雷乃发声；三候始电。

古人的春分，是这样吃的

吃春菜、喝春汤

春菜：春分时节，春菜正当鲜。古人会在春分这天去田野中采摘野苋菜，寓意身体健康。这个习俗流传至今，春菜演变成了当季的新鲜蔬菜，如韭菜、菠菜、香椿等，不再特指野苋菜。

春汤：俗话说"春汤灌脏，洗涤肝肠。阖家老少，平安健康"。春菜和鱼片做成的汤就是春汤，喝了春汤，可以净化肠道，有益健康。

春汤

吃防春困、健脾胃的食物

春分当属仲春，春困常叨扰，使人乏力、精神不振，这时可多吃红黄色和深绿色的蔬菜，如胡萝卜、南瓜、番茄、柿子椒、菠菜、芹菜等以增强活力。

胡萝卜

南瓜

此时仍要多吃甘味食物，少吃酸味食物，可多吃红枣、百合、山药、芋头、莲藕、白萝卜、甘蔗等以健脾养胃，同时少吃生冷、黏性食物，以防伤及脾胃。

山药

莲藕

百合

一起来竖蛋、吃蛋

《春秋繁露》载："春分者，阴阳相半也，故昼夜均而寒暑平。"

春分这天，白天和黑夜一样长，此时正好阴阳相衡，古人会将蛋竖起来以表达对健康、平衡和吉祥的美好祈愿。

1. 选择一个表面光滑，形状匀称的新鲜鸡蛋。

2. 将鸡蛋轻放在一个平坦的表面上，用手扶着鸡蛋，试着让鸡蛋保持平衡。

3. 慢慢地松开手，尝试让鸡蛋竖立起来。

竖完春分蛋，可以吃韭菜炒鸡蛋。春韭是最为鲜嫩的，可以从初春吃到仲春，有补肝益肾、强筋健骨的功效。

杨力教授养生小课堂

**春天关节易疼痛，
艾叶生姜敷痛处**

春天冷空气频繁，昼夜温差大，雨水也逐渐增多。湿气重易淤积，气血不畅就可能导致关节疼痛。取艾叶 60 克、生姜 15 克、葱 20 克，捣碎，将其蘸上热酒，涂擦患处。适用于因风寒湿引起的各种腰痛、关节痛。

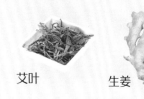
艾叶　　　　生姜

槐花

《日华子本草》载槐花："治五痔，心痛，眼赤，杀腹藏虫及热，治皮肤风，并肠风泻血，赤白痢。"槐花性寒、味苦，可用于肝火上炎所致目赤、头痛头胀及眩晕等。

健康吃法： 煮粥、炒食、泡茶。

蒲公英

《随息居饮食谱》载蒲公英："清肺，利嗽化痰，散结消痈，养阴凉血，舒筋固齿，通乳益精。"春天食蒲公英可帮助清肝火，缓解口干舌燥、目赤肿痛。

健康吃法： 煮粥、泡茶。

**春分
推荐食材**

红枣

春分时节，肝气疏泄旺盛，若情志不畅、思虑过度，会影响肝气的疏泄，继发不思饮食、胸闷胀痛、眩晕耳鸣、视力减退等症。红枣有滋补气血、壮阳生津的功效，可补血、养脾胃、安心神。

健康吃法： 生食、蒸煮、做汤羹。

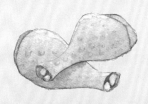

鸡肉

春分时节对肝的养护更要注意。保证肝气通畅，就要清淡饮食，少油少辣，而鸡肉性温、味甘，升阳补气，春天吃不易上火。

健康吃法： 炖煮、炒食。

蒲公英绿豆粥

材料 蒲公英10克,绿豆、大米各30克。

调料 冰糖适量。

做法

1 蒲公英洗净;大米、绿豆洗净,分别浸泡30分钟、2小时。

2 蒲公英水煎取汁液;将绿豆和大米放入锅中加适量清水煮熟,调入蒲公英汁,加入冰糖至其化开即可。

功效 蒲公英可抗炎护肝,适合春分时节食用;绿豆能清郁热、肝火。搭配大米煮粥能清胃火、泻心火,补肝养心,利湿健脾,缓解春困。

> 利湿
> 健脾

遍野蒲公英有大用

蒲公英很常见,田间旷野、公园角落都有它的身影。花开时节,嫩黄如菊的蒲公英花很是可爱。花落后,便结出小伞状的种子,风一吹,四处飞散,落在哪里,就在哪里发芽生根。

鲜蒲公英捣烂外敷可消炎、杀菌,能帮助调理乳腺炎及流行性腮腺炎。

取蒲公英根3~6克煮水代茶饮,可疏肝气、降肝火。

取鲜蒲公英120克煎煮汤温服,能帮助调理肝经实火、热毒所致之咽喉肿痛、目赤肿胀、口舌生疮等。

杨力教授养生小课堂

春分时节肝火旺,喝蒲公英甘草茶

蒲公英是很好的"排毒草",通肝经、去火消炎,可排除肝火旺盛引起的热毒。搭配抗炎的甘草及清热凉血、抗炎抑菌的金盏花制成茶饮,很适合春天肝火旺、爱上火的人。取甘草3克、金盏花2克、蒲公英2克一起放入杯中,冲入沸水,盖盖闷泡3~5分钟后即可饮用。

马齿苋槐花粥

材料 马齿苋、大米各 50 克，槐花 15 克。

调料 红糖 5 克。

做法

1 马齿苋洗净，焯水，沥干，切碎；槐花洗净凉干，研末；大米淘洗干净，浸泡 30 分钟。

2 大米煮成粥，快熟时加入槐花细末、马齿苋碎末及红糖，用小火煮沸即可。

功效 马齿苋有清热解毒、凉血止痢的功效；槐花清泻肝火。二者搭配红糖煮粥，可缓解春季肝热导致的目赤、眩晕头胀、疲倦乏力等。

清肝火

《中华食疗本草》载马齿苋槐花粥：『早晚分 2 次服。清热解毒，凉血止血。』

\ 烹饪妙招 /

马齿苋不宜煮过长时间，煮沸后 5 ~ 10 分钟即可捞出。

槐——春之馈赠

槐叶： 味苦性平，能清肝泻火，凉血解毒，燥湿杀虫。《滇南本草》载槐叶："阴干为末，治一切大小便下血，或痔疮疼痛，脓血不止，灯草煎汤服。"

槐枝： 散瘀止血，清热燥湿，祛风杀虫，适用于心痛、目赤、疥癣等。《千金方》载："新生槐枝一握，去两头。细切，以水三升，煮取一升，顿服。"

槐花： 可用于便血、痔血、血痢、崩漏、吐血、衄血、肝热目赤、头痛眩晕等。《普济方》载："新槐花炒研，酒服三钱，日三服。"

槐角（果实）：清热泻火、凉血止血。

红枣蒸南瓜

助排毒

材料 南瓜 150 克，红枣 20 克。

做法

1 南瓜削去硬皮，去瓤后，切厚片；红
  枣泡发洗净。

2 南瓜片装入盘中，摆上红枣。隔水
  蒸约 30 分钟，至南瓜熟烂即可。

功效 红枣有保护肝脏、补血养颜的
功效；南瓜能补中益气，保护胃黏膜。
红枣和南瓜都是甘味食物，春天吃可
提升脾胃的消化功能。

小鸡炖蘑菇

清肝火
解春困

材料 鸡肉 200 克，榛蘑 100 克。

调料 葱末、姜片、酱油、料酒各 10 克，
大料、白糖各 3 克，盐适量。

做法

1 鸡肉洗净，切小块；榛蘑去杂质和
  根部，用温水泡 30 分钟，捞出，浸
  泡榛蘑的水过滤杂质留用。

2 锅中倒油烧热，放入鸡块翻炒至变色，
  放入葱末、姜片、大料炒出香味，加
  入榛蘑炒匀，加入酱油、白糖、料酒
  炒匀，倒入浸泡过榛蘑的水烧开，转
  小火再炖 1 小时至鸡肉酥烂、汤汁收
  浓，加盐调味即可。

功效 鸡肉补虚生津、强筋骨、活血；
榛蘑息风平肝、祛风通络。二者搭配
炖食有助于清肝火，缓解春困乏力。

清明

多吃时蔬，注意预防流感

清明：4月4日、5日或6日。

清明气候：清明时节，万物皆洁齐而清明，此时气温上升，阳光明媚，柳树吐绿，桃花绽放。清明既是节气，又是中国传统节日，人们会在清明这一天扫墓祭祖、郊游踏青。

清明三候：一候桐始华；二候田鼠化为鴽；三候虹始见。

古人的清明，是这样吃的

祭祖怀人吃寒食

> 乌啼鹊躁昏乔木，清明寒食谁家哭。
>
> ——白居易《寒食野望吟》

扫墓祭祖，缅怀先人是清明节的重要主题。以前，寒食节后一天就是清明节，唐代时将寒食节、清明节并称，于是清明节的习俗多与寒食节相关。这两天，不论人们身在何方，总会想尽办法赶回家乡，扫去祖先墓上的尘土及落叶，以寄托哀思。

到了清明寒食这几天，人们不生烟火，只吃凉食，饮食有寒食粥、寒食面、春酒、春茶、青团等，以面燕、蛇盘兔、枣饼等作为供品。

青团： 在江南地区，清明节有吃青团的习俗。将艾草的汁液拌进糯米粉，揉成米粉团，再包入豆沙馅、咸蛋黄肉松馅或者莲蓉馅即成。不甜不腻，有清淡悠长的艾草香气。

青团

蒸面燕： 山东地区有清明节蒸面燕的习俗，即用发好的小面团捏成小燕子形状，用黑芝麻当眼睛，再用剪子在两侧、头部和尾部剪出翅膀、嘴和尾巴，捏好后上锅蒸熟。如果用菠菜汁、南瓜汁等和面，还可以做出不同颜色的面燕。

蒸面燕

重清补，注意利水排湿

清明时节的养生应注重与自然同气相求，多食应季的蔬果，如卷心菜、芦笋、蒜苗、草莓、枇杷、荠菜、榆钱、香椿、茼蒿等，能帮助人体自我调节，以适应气候的变化。此时，冷暖空气交替，人体会因为湿气入侵而感到不适，应注意利水排湿、养血舒筋，可食用薏米、红豆、芡实等。

香椿

榆钱

芦笋

草莓

柔肝养肺的食物不可少

清明已到暮春，重在柔肝清肝，养护人体内的生命之气，避免外邪入侵，同时疏泄肝气，保持气机通畅。气血和谐，各脏腑的功能才能维持正常。清明时节，冷热空气交替，特别容易引发呼吸道疾病，因此可以多食用一些柔肝润肺的食材，如银耳、百合、梨等，利于保持呼吸道健康。

银耳

百合

梨

榆钱

榆钱是春天里的鲜野菜，清明食榆钱正当时。榆钱不仅味道清鲜，还是清肺降火、健脾安神的好食材，有化痰、助消化、防便秘的功效。

健康吃法： 蒸煮、炒食。

芦笋

《日用本草》载芦笋："治膈寒客热，止渴，利小便，解诸鱼之毒。"春天食用芦笋，可预防春季季节性变化引起的感冒、牙龈肿胀和出血等。

健康吃法： 炒食、凉拌、煮汤。

香椿

清明时节香椿正盛。香椿性平，是生发阳气之物，食之像阳光一样温煦脏腑，其独特香味既能疏肝又能醒脾。

健康吃法： 凉拌、炒食。

清明
推荐食材

荠菜

清明节气多雨，祛湿很重要。荠菜性平、味甘，能利水除湿、止血明目。

健康吃法： 煮汤、炒食。

蒜苗

蒜苗是春天的"天然抗生素"，具有祛寒、健脾胃、消积食、抑菌杀菌的作用。清明时节吃蒜苗可以帮助预防春季感冒等呼吸道疾病及春季易出现的胃胀等不适症状。

健康吃法： 炒食。

杨力教授养生小课堂

清明时节感到抑郁时，
喝玫瑰梅花茶

"清明时节雨纷纷，路上行人欲断魂。"杜牧的诗句刻画出了清明时节多阴雨的现象，此时人很容易情志不畅，出现抑郁。取玫瑰花4朵，梅花、柠檬草各3克。将所有材料放入杯中，冲入沸水，盖盖子闷泡3分钟即可饮用。此茶可以除烦利胆、疏肝解郁。

香椿拌豆腐

新鲜碧绿的香椿搭配白嫩的豆腐，看起来就赏心悦目，吃起来更是"一箸入口，三春不忘"。

材料　豆腐200克，香椿100克。

调料　盐、香油各适量。

做法

1 豆腐和香椿分别洗净，焯熟，豆腐切块，香椿切末，放入盘中。

2 香椿、豆腐中加入盐、香油，拌匀即可。

功效　香椿有清热利湿、开胃健脾、养肝健肾的功效。清明时节采摘的香椿搭配豆腐凉拌，不仅味道鲜美、营养丰富，而且能滋阴明目、益气和中，很适合心烦口渴、痞满、目赤、口舌生疮的人食用。

更多搭配

- ☑ 香椿 + 鸡蛋 = 滋阴润燥，润泽肌肤
- ☑ 香椿 + 黄豆 = 祛风利湿，健脾益气
- ☑ 香椿 + 虾 = 益气滋阳，提振食欲

清热利湿

《素食说略》载：『香椿以开水淬过，用香油、盐拌食甚佳，或以香油与豆腐同拌，亦佳。』

香椿浑身都是宝

香椿叶：补脾健肾，有助于稳血糖，消炎、抗肿瘤。

香椿根：祛寒湿，可调理牙龈出血、湿热导致的腹泻。

香椿子：补肾阳，帮助调理虚寒型慢性咽炎。

\ 烹饪妙招 /

香椿用水稍微焯一下凉拌，不仅可以保留更多营养，而且香味浓郁，能开胃健脾，适合食欲不振的人食用。

榆钱饭

　　榆钱是榆树的果实，像小铜钱一样四周圆、中间鼓，一串一串的。榆钱同音"余钱"，我国民间有食用榆钱的习俗，宋代诗人欧阳修在吃完榆钱粥后，写下了《和较艺书事》一诗。与粥相比，蒸出来的榆钱饭更有咀嚼的口感，其味道清香、带有一<u>丝丝</u>甜味。

材料　榆钱 150 克，面粉 25 克。
调料　盐、醋、酱油、蒜块、辣椒油各适量。
做法

1　榆钱洗净，捞出沥干，放入盆中，加入干面粉拌匀，加盐调匀，盛到笼屉上；将蒜块、醋、酱油、盐、辣椒油搅匀制成味汁。
2　笼屉上锅，水开后蒸 10 分钟左右，取出，浇上味汁即可。

功效　榆钱是春季时令养生蔬菜，做成榆钱饭，不仅味道鲜美，更有健脾养胃、清热安神、止咳化痰等功效，可帮助改善舌苔厚腻、精神不振、困倦乏力等症状。

健脾
安神

杯盘饷粥春光冷，池馆榆钱夜雨新。

——《和较艺书事》

榆钱，
天然的"安眠菜"

　　嵇康《养生论》中说"榆令人瞑"，意思就是吃榆钱有安神助眠的作用，有助于缓解春季肝火旺盛、肝气郁结所致神经衰弱、失眠等症状。榆钱不仅能做榆钱饭，还可以加葱花或蒜苗煮粥，搭配虾仁或肉做馅等，都非常美味。

调节
免疫力

鲜虾芦笋

材料 鲜虾 100 克，芦笋 200 克。

调料 葱花、姜末各 5 克，盐 2 克。

做法

1 鲜虾洗净，去虾线；芦笋洗净，切段。

2 锅内倒油烧热，下葱花、姜末炒香，放入鲜虾、芦笋段翻炒至熟，用盐调味即可。

功效 芦笋能清热解毒、增进食欲；虾能为人体补充营养，养护血管。芦笋和虾搭配炒食鲜香美味，有生津利水、润肠通便的功效，在春天食用可以防上火、抗感冒、调节免疫力。

健脾
补血

蒜苗烧鸭血

材料 蒜苗、鸭血各 200 克，红彩椒50 克。

调料 葱段、姜末各 5 克，盐 2 克，料酒 10 克。

做法

1 蒜苗洗净，切段；红彩椒洗净，去蒂除子，切丝。

2 鸭血洗净，切厚片，放入加了料酒的沸水中焯烫，捞出。

3 锅内倒油烧热，放入葱段、姜末爆香，放入鸭血片翻炒均匀，加蒜苗段翻炒至断生，加盐调味即可。

谷雨

去春火，防湿邪

谷雨： 4月19日、20日或21日。

谷雨气候： 谷雨即"雨生百谷"，是春季的最后一个节气。此时天气温暖，降雨增多，寒潮天气基本结束，空气湿度逐渐加大，春播由此开始。

谷雨三候： 一候萍始生；二候鸣鸠拂其羽；三候戴胜降于桑。

古人的谷雨，是这样吃的

吃清淡养阳、疏肝益肺的食物

谷雨时节，自然界阳气聚升，虽利于进补吸收，但不能大补，否则易引起"春火"，诱发鼻腔、牙龈和呼吸道等出血及眼疾、头痛等。此时可食用一些疏肝益肺、补血益气的食物，如鸡蛋、桑葚、薏米、蜂蜜等食物以增强体质，为迎接夏天并安然度夏打好基础。

桑葚

薏米

鸡蛋

防湿邪的食物不可少

谷雨后各地雨量增多，空气湿度逐渐加大，人体由内到外会产生不适感。湿邪侵入人体，容易引发胃口不佳、消化不良、身体沉重不爽、头重如裹、关节疼痛等症状。各类关节疾病如风湿性关节炎，也容易在此节气急性发作或加重。

谷雨节气养生要注意祛湿，可适当多吃具有祛湿效果的食物，如白扁豆、红豆、薏米、山药、荷叶、芡实、冬瓜、陈皮、莲藕、海带、竹笋、鲫鱼、豆芽等。

红豆　　　　冬瓜　　　海带　　　莲藕

喝谷雨茶，清火明目

《养生仁术》载："谷雨日采茶炒藏，能治痰嗽及疗百病。"

古人认为，喝了谷雨这天的茶，可以辟邪、清火、明目。因此，在谷雨这天，南方茶区的人们都会去采一些新茶来喝。谷雨茶受气温影响，多了几分清润，较明前茶要耐泡许多。

明前茶：在清明之前采的茶是明前茶，是春季的第一拨茶，非常鲜嫩，几乎没有受虫害侵扰，营养好、滋味佳。不过明前茶产量少，所以价格比较贵。

谷雨茶：谷雨之后到立夏之前，就要采谷雨茶了，这时温度适宜、雨水多，茶的滋味和口感也非常好。

芽叶细嫩，色翠香幽

海带

海带性寒，味咸，归胃、肝、肾经，能消痰、利水。谷雨时节雨水多，湿邪容易入侵身体，多吃一些海带可以排毒祛湿。

健康吃法： 煮汤、凉拌。

鲤鱼

鲤鱼寓意吉祥、繁荣。谷雨时节的鲤鱼生长迅速，肉质丰腴肥美，且有祛除湿气、健脾和胃的作用，能调理身体，增强体质。

健康吃法： 炖煮、清蒸。

红豆

红豆有健脾消食、利尿消肿、清热解毒等功效，能改善消化不良、水肿等症状。谷雨时节气候温暖潮湿，人体的新陈代谢也开始加快，食用红豆可帮助排出体内多余的水分和毒素，减轻身体负担。

健康吃法： 汤粥、做馅。

谷雨推荐食材

猴头菇

谷雨时节宜健脾除湿、护肝，以帮助身体顺利入夏。此时，吃点猴头菇很有益处。猴头菇性平、味甘，有助消化、益肝脾、滋补养身的功效。

健康吃法： 炒食、煮汤。

桑葚

桑葚被誉为"民间圣果"，有滋肝补肾、生津润肠、乌发明目的功效。谷雨时节正是暮春，是肝气生发的最后时节，而桑葚正是春天水果中补肝血、养肾气的佳品。

健康吃法： 生食、制作果酱、榨汁。

杨力教授养生小课堂

春季偏头痛，
用薏米粥来缓解

谷雨时节雨量增多，风邪夹杂湿热等上犯于头，阻滞清阳，易导致头部气血不畅，引发偏头痛。此时食用薏米粥能健脾利湿，清热排脓，改善偏头痛不适。取薏米100克，大米50克，白糖适量。薏米洗净，水泡发胀；大米泡30分钟。将薏米和大米大火煮开后转小火熬煮至粥稠，最后调入白糖即可。

海带排骨汤

海带被誉为"长寿菜""海上之蔬"。《本草纲目》载海带："催生，治妇人病，及疗风下水。"海带有清热解毒、消痰软坚等功效，可用于调理慢性支气管炎、哮喘。

材料　猪排骨 400 克，水发海带 150 克。

调料　料酒、葱段、姜片各 10 克，盐、香油各适量。

做法

1 海带洗净，切片，焯水；排骨洗净，剁成段，焯水后捞出，冲去血污。

2 锅内加入适量清水，放入排骨、葱段、姜片、料酒，大火烧沸，撇去浮沫，转用中火煲约 1 小时，倒入海带片，再用大火烧 20 分钟至沸腾，加盐调味，淋入香油即可。

功效　海带利尿消肿，有助于降脂降压；排骨滋阴润燥，补肾益气。二者搭配能为人体补充丰富的蛋白质、钙等营养物质。

利水
滋阴

海带的健康吃法

1. 食用干海带时，先把海带撕成小块，再用 40℃ 左右的温水及适量白醋泡 15～20 分钟，再换水清洗干净。

2. 海带熬汤十分美味，除了可以与排骨煮汤外，还可以和冬瓜或者豆腐等煮汤，不仅清爽、鲜味十足，还能利水、清热、祛湿。

趣味小科普

海带为什么要打结

市场上卖的打结海带是为了美观吗？其实不是的，是因为海带富含可溶性海藻胶，很容易黏在一起，一不小心就可能煮煳了，粘在锅底，不容易清洗，而打个结能很好地避免这个情况。另外，煮过之后的海带表面很滑，用筷子不容易夹起来，打个结更容易夹取。

莲子红豆汤

材料 红豆50克，莲子30克，百合5克，陈皮2克。

调料 冰糖适量。

做法

1 红豆和莲子分别洗净，浸泡4小时；百合泡发，洗净；陈皮洗净，切条。

2 锅内加清水，放入红豆、莲子煮约40分钟，加陈皮、百合继续煮约10分钟，加冰糖煮化，搅匀即可。

功效 红豆利水渗湿；百合滋阴润肺，养心安神。二者搭配煮汤可健脾祛湿、补血养心、润肠通便，很适合谷雨节气健脾胃、养心神。

更多搭配

☑ 红豆＋鲤鱼：利水消肿，补虚健脾

☑ 红豆＋红枣：补血养颜，健脾安神

☑ 红豆＋黑米：补养肝肾，活血明目

健脾
除湿

《本草纲目》载红豆："消热毒，散恶血，除烦满，通气，健脾胃，令人美食。"

红豆——"心之谷"

李时珍称红豆为"心之谷"。红色食物入心，所以红豆归心、小肠经，可利水消肿，祛热除烦。

红豆的做法有很多，可以做杂粮饭、做馅、煮汤等，吃起来香甜软糯，回味无穷。谷雨时节，适当多吃红豆，身体会倍感轻盈，心情也更舒畅。

清热
解毒

鲤鱼炖豆腐

材料 鲤鱼150克，豆腐300克。

调料 姜片、葱段、盐、醋各适量。

做法

1 鲤鱼治净，洗净，打花刀；豆腐洗净，切片。

2 起锅烧油，放入姜片、葱段炝锅，放入鲤鱼、豆腐片，加水没过食材，大火煮沸后放醋继续炖煮30分钟。

3 加盐调味，转小火炖至入味即可。

功效 谷雨时节鲤鱼鲜嫩肥美，有健脾和胃、清热利水的功效，搭配豆腐炖汤不仅汤鲜味美，而且能清热解毒、益气补虚、增强体力。

养脾胃

猴头菇清鸡汤

材料 鸡肉250克，黄豆40克，猴头菇30克，茯苓15克，红枣5枚。

调料 盐2克。

做法

1 鸡肉洗净后切块；黄豆清水浸泡，洗净；猴头菇用温水泡软之后切成薄片；茯苓、红枣分别洗净，红枣去核。

2 将上述材料放进砂锅内，加清水，大火煮沸后转小火煮1小时，以黄豆软烂为度，加盐调味即可。

功效 鸡肉滋阴祛湿、温中益气；猴头菇健脾胃、助消化；黄豆、茯苓和红枣都有健脾安神的功效。此汤能养脾胃、利五脏，有助于改善消化不良、体质虚弱等症状，还能安神、补血益气，很适合谷雨时节食用。

桑葚草莓果酱

桑葚虽然外表黑乎乎的，却富含花青素。花青素是一种抗氧化成分，有助于抗衰老。

材料 草莓150克，桑葚80克，柠檬1个。

做法

1. 草莓和桑葚洗净，去蒂，切粒；柠檬洗净，对半切开，挤出柠檬汁。
2. 草莓粒和桑葚粒一起放入碗中，倒入柠檬汁，覆上保鲜膜放冰箱冷藏一晚。
3. 取出后放入锅中，加适量水，大火煮开，撇去浮沫，转小火熬煮15分钟即可。

功效 桑葚和草莓都有保肝明目的功效，二者搭配柠檬制成果酱，味道酸甜可口，再配上面包、酸奶和气泡水，很适合暮春时节。

清洗桑葚有方法

俗话说："清明至，桑叶绿；谷雨时，桑葚紫"。谷雨时节，也预示着桑葚的成熟，买回来的桑葚如何清洗干净也讲究方法。先用流动的水冲洗，再撒上适量盐和面粉，加水浸泡约10分钟（盐有助于去除桑葚表面的病菌和害虫，面粉可以吸附桑葚表皮的灰尘和杂质），最后用清水冲洗干净。

（保肝明目）

杨力教授养生小课堂

春天上火，
淡竹叶粥清心除烦

《老老恒言》载淡竹叶粥："除烦热，利小便，清心。"春季多风干燥、肝气不足、饮食失衡，都容易引起上火，导致口干口苦、牙龈肿痛、目赤眼干、便秘等症状。可以喝淡竹叶粥来缓解，取淡竹叶10克，小米60克洗净，将淡竹叶加适量水煎取汤汁，滤去渣后加小米煮粥即可。此粥可清心火，利尿渗湿。

夏

食味

立夏

养心败火，解暑开胃

立夏：5月5日、6日或7日。

立夏气候：立夏，是夏季的第一个节气，立夏的到来表示夏季的开始。此时我国只有福州到南岭一线以南地区真正气象意义上进入了夏季，东北和西北等地还未进入夏季。

立夏三候：一候蝼蝈鸣；二候蚯蚓出；三候王瓜生。

古人的立夏，是这样吃的

吃立夏蛋，添精气神

人们认为，从立夏开始，进入"长"季，万物加速生长，此时人体需要肾中精气的滋养才能够增强体质，抵抗夏季酷暑的考验。

立夏蛋是长江以南地区的风俗，最初就是将鸡蛋放入茶水中煮熟食用，后来又加入茴香、桂皮或核桃壳等调料一起煮，来提升口感。现在的立夏蛋多是用核桃壳煮制而成。连着吃上15天，能起到固肾气、固精气的作用。而且鸡蛋也象征生活圆满、健康平安。

立夏蛋

核桃壳煮鸡蛋： 核桃壳煮鸡蛋是一道营养健康的传统食疗方。将核桃壳、鸡蛋煮开后，小火慢煮，再以盐入味，固肾气。核桃的选择很重要，建议购买核桃壳颜色有点深，上面有些黑色斑点，虽摸起来不光滑，但带有光泽的核桃。值得提醒的是，核桃壳中分心木是固摄肾气的宝贝，不要随手丢掉，可以加入一起煮。对于肾气不足的人来说，这个节气吃核桃壳煮鸡蛋，精血外泄的症状能有所缓解，体虚的症状也会减轻。

吃了立夏饭，健康又平安

立夏这一天，很多地方会做立夏饭，就是用红豆、黄豆、黑豆、青豆、绿豆这五种豆子与大米一起煮成的五色饭，有的还会配以春笋、豌豆、蚕豆、苋菜，含有"五谷丰登"的意思。现在的立夏饭一般简化成用糯米掺蚕豆来煮。

适量增酸，少食苦

《备急千金要方》载："夏七十二日，省苦增辛，以养肺气。"

《素问·脏气法时论》载："心主夏……心苦缓，急食酸以收之。"

对于人体脏腑来说，立夏时肝气会减弱，心气渐强，应该多吃酸味食物，少吃苦味食物，以补肾助肝，调养胃气。饮食上应该清淡，多食一些生津止渴、易消化的食物，如番茄、柠檬、草莓、樱桃、苋菜、山楂等。

番茄　草莓　山楂　樱桃

健脾除湿是关键

立夏开始气候变化明显，随着气温的升高，降雨量和降雨天数明显增多，空气潮湿，这种环境容易导致人体湿气过重。所以，夏季健脾祛湿很重要，可以选择薏米、冬瓜、鲫鱼、玉米须、白扁豆等食材，做成汤和粥，如冬瓜鲫鱼汤、玉米须水、芡实鸭肉扁豆汤、山药薏米粥、莲子粥等。

杨力教授养生小课堂

**失眠，
喝桂圆莲子羹效果好**

一进入立夏，由于气温升高和雨水增多，人容易出现心神不宁、情志不舒、阴虚火旺、胃中不和等不适，从而引起失眠。此时，可喝桂圆莲子羹来缓解。取桂圆肉、莲子各30克，红枣20克，连同适量清水一同放入砂锅中，小火炖至莲子熟烂，加入冰糖化开即可。桂圆肉能补心脾、活气血；莲子能养心安神；红枣能补益脾胃、养血安神。此汤羹对于因心脾血虚导致的失眠有一定的疗效，适合长期饮用。

杨力教授养生小课堂

**立夏祛除湿热，
用艾灸补阳效果好**

立夏时节湿气较重，容易引起腿脚酸痛等疾病。可以选择艾灸关元穴和丰隆穴，运化体内的水湿以祛除湿气。关元穴位于下腹部，前正中线上，脐下3寸处，俗称"丹田"，此穴能激活肾气发动全身的活力；丰隆穴位于小腿外侧，外踝尖上8寸，胫骨前肌的外缘。用手指的指端用力按压此穴，可涤清全身废弃的湿气，帮助身体推陈出新。进行艾灸时，建议先灸关元穴，再灸丰隆穴，这样可以引火下行，不容易上火。一周可以艾灸2~3次，每次15~20分钟为宜。

注 根据手指同身寸法，拇指指关节的宽度作为1寸，四指并拢，横量为3寸。

芹菜

夏季肝阳处于易亢状态，可致血压升高。芹菜性凉，味甘、微苦，具有平肝凉血、清热利湿的作用。芹菜中所含的芦丁能增强血管弹性，降低毛细血管的脆性，预防血管老化，适合日常多食。

健康吃法： 炒食、蒸饭、煮汤。

蚕豆

蚕豆可用于夏季因脾虚所致的食少、脘腹胀满，能益气健脾、利湿消肿、促进胃肠蠕动。

健康吃法： 炒食、煮粥。

立夏 推荐食材

樱桃

立夏天气开始湿热，适当吃点樱桃，能祛除体内湿气，促进脾胃消化和新陈代谢。

健康吃法： 直接食用、榨汁。

绿豆芽

绿豆芽为绿豆种子水浸后所发的嫩芽，具有清热、解毒的功效。绿豆芽富含钾、磷等矿物质，有助于调节免疫力。

健康吃法： 炒食、凉拌。

薏米

薏米是一款药食同源的食材，《神农本草经》载薏米："味甘微寒。主筋急，拘挛不可屈伸，风湿痹，下气。久服轻身益气。"立夏节气期间，温度开始升高且雨水增多，也是"湿"的开始，而薏米是夏季祛湿的好帮手，能将身体里的湿邪一点点渗利下来，同时还兼有健脾补肺的功效，可称之为清补的佳品。

健康吃法： 煮汤、熬粥。

醋熘绿豆芽

材料 绿豆芽200克。

调料 醋5克，盐2克，葱花适量。

做法

1 绿豆芽洗净，沥干水分。

2 锅内倒油烧热，放绿豆芽翻炒至熟，加醋、盐调味，撒上葱花即可。

功效 绿豆芽性凉味甘，能清暑热、通经脉，还能利尿、滋阴，非常适合夏季食用。

利尿
滋阴

自己发豆芽

发豆芽其实很简单，用清水将豆子洗净，然后浸泡在水里，避光保存，就能长出豆芽。下面以黄豆为例来演示泡发过程。

1. 黄豆洗净，放在20℃左右的温水里浸泡一晚，黄豆会涨大。

2. 找一个干净的饮料瓶，把顶部剪掉，底部扎几个小洞。

3. 把浸泡好的豆子捞出来，放瓶里，用布把瓶子盖好，每天用凉水冲洗2次。

4. 黄豆发芽的最低温度是10℃，如果温度高，豆芽长得会更快，4~5天就可以吃了。

葱油蚕豆

材料 鲜蚕豆500克。

调料 蒜末10克，盐、葱油各适量。

做法

1 把蚕豆洗净沥干。

2 锅内倒入葱油烧热，炒香蒜末，倒入蚕豆翻炒至蚕豆基本爆开。

3 加盐翻炒均匀，加适量水，稍煮几分钟即可。

功效 蚕豆味甘，入脾益气而助运化，开胃气而消食。从营养学的角度来讲，蚕豆富含叶酸，能帮助改善记忆力、维持人体免疫系统的健康。

更多搭配

☑ 蚕豆 + 虾 = 增强记忆力，健脑防衰

☑ 蚕豆 + 蛤蜊 = 止血解毒，利湿消肿

☑ 蚕豆 + 洋葱 = 理气和胃，健脾消食

自制葱油

取葱段50克，花椒、大料各适量。锅中倒适量油加热至一定温度，放入葱段、花椒、大料，小火慢炸，直到葱变黄后即为葱油。制作时也可以加入洋葱、韭菜、香菜等，增加葱油的复合香味。

健脾
利湿

芹菜百合豆腐粥

材料 芹菜、豆腐、大米各100克，干百合5克。

调料 盐、香油、姜丝、葱花各适量。

做法

1 芹菜洗净，切碎；豆腐洗净，切小块；干百合洗净泡软；大米洗净，用清水浸泡30分钟。

2 锅内加适量水烧开，放入大米煮至七成熟时，加入豆腐块、百合、姜丝，煮至粥将熟时，放入葱花、芹菜末稍煮，加盐调味，淋上香油即可。

功效 芹菜有清除积热、降肝火、健胃利尿、镇静降压的作用；百合有补养心脾、润肺止咳的作用。搭配豆腐煮粥，可补脾益气、健脾利湿、增进食欲。

自古以来，芹菜就深受人们的喜爱。《吕氏春秋》中称"菜之美者，有云梦之芹"，唐代诗人杜甫也曾赞美其一二。现在人们平常食用的芹菜分为两种，水芹和旱芹。水芹偏重于清热利水、止血；旱芹则侧重于平肝降压、利尿消肿、清热解毒。

更多搭配

☑ 芹菜 + 百合 = 润肺止咳，清心安神

☑ 芹菜 + 核桃仁 = 润肤美容，抗衰老

☑ 芹菜 + 花生 = 降压降脂，延缓衰老

☑ 芹菜 + 牛肉 = 健脾利水，控制体重

清热
平肝

薄荷陈皮清舒茶

材料　薄荷、白茅根、绿茶、陈皮各2克，甘草、干姜各1克。

做法

1 将所有食材用温水冲洗后晾干，包成茶包后放入壶中。

2 在壶内倒入少量开水，浸泡4~6秒后，将壶倒满，待茶水颜色变深色后即可饮用。

功效　薄荷可宣散风热，白茅根可清热利尿，绿茶能升清降浊、疏散邪气。陈皮、甘草、干姜能呵护脾胃，一起搭配饮用，能化去体内沉闷的湿浊。

祛除三焦湿热

杨力教授养生小课堂

山萸肉饮
调理盗汗效果好

正常来说，立夏后适当出出汗，利于消除体内陈寒。但如果经常出现盗汗，即睡觉时容易出虚汗，醒来之后出汗即止，还伴有腰膝酸软、倦怠无力、烦热、睡眠质量低时，就需要调理一下了。《神农本草经》载山萸肉性微温，具有收敛固涩的功效，适用于肝肾亏损引起的不适症状。取山萸肉10克，麦门冬6克，小麦6克。将三种材料分别洗净后一同放入锅内，加适量水大火烧开，改用小火继续煎煮30分钟，去渣取汁。

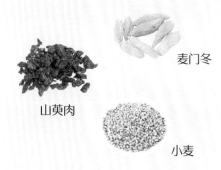

麦门冬

山萸肉

小麦

小满

吃苦尝鲜，健脾化湿

小满：5月20日、21日或22日。

小满气候：小满，是夏季的第二个节气。"满"指雨水的盈亏变化。小满之后，全国各地逐渐进入夏季，南北方的温差缩小，降水变多，暴雨、雷雨、大风等天气逐渐增多。

小满三候：一候苦菜秀；二候靡草死；三候麦秋至。

古人的小满，是这样吃的

吃苦尝鲜、清热凉血就吃苦菜

《周书》载："小满之日苦菜秀。"

苦菜是古人最早食用的野菜之一，流传已久。《诗经》载"采苦采苦，首阳之下"，其中的"苦"就是指苦菜。如今，苦菜依然被人们所喜爱。到了小满时节，气温逐渐攀升，人们容易出现心火旺、伤阴损津等症状。吃一些苦菜，再好不过。苦菜性寒，味苦，具有"苦中带涩，涩中带甜"的特点，有清热解毒、凉血止血的功效，可缓解夏季心火旺引起的身体不适。

苦菜

夏季养心，喝红豆粥效果好

中医认为，夏属火，通于心，夏季心火易旺，暑热易扰心；汗为心液，过汗易伤心，所以夏季养生要以养心为主。红色食物入心、入血，具有益气补血和促进血液循环的作用。而且红色食物可以刺激食欲，所以在胃口不佳的夏天也是比较好的选择。猪血、红豆、番茄、苋菜、西瓜、樱桃、红枣等都是不错的养心食物。

红色食物中的红豆，既能清心火，也能补心血。红豆搭配莲子熬粥，既健脾补肾又补心，在这个季节可适当多吃一些。

注重健脾胃、除湿气

小满时节，雨水增多，湿气加重，天气时常变得阴闷潮湿，此时饮食应清淡爽口，多食用能清热利湿的食物，如红豆、绿豆、薏米、冬瓜、鲫鱼等。忌食肥腻辛辣、油煎熏烤的食物，如肥肉、烧烤、炸鸡等，以防体内邪火旺盛。

杨力教授养生小课堂

**腹胀、消化不良，
多食小米粥养脾胃**

夏天人们的脾胃功能会减弱，如果再吃一些油腻厚重的食物，无疑会影响肠胃消化，增加脾胃负担。此时，推荐食用小米粥，它能够保护胃肠道黏膜，促进肠道蠕动，对于腹胀、恶心呕吐、消化不良等症调理效果不错。取小米100克，上锅煮沸后转小火慢煮，不停搅拌，煮至小米开花即可。小米粥适合长期食用。

薄荷

薄荷有"清热之王"的美誉，适当食用能够帮助人们缓解疲劳倦怠、清凉解暑、提高学习工作效率，尤其适合夏天。将薄荷做成薄荷水、薄荷粥等，可清热解暑、祛除体内燥热、利咽清喉。

健康吃法： 茶饮、煮粥。

苦菜

俗话说"夏季吃苦，胜似进补"，苦味之品多数是入心的。适当多食苦菜，可以缓解烦躁不安、心慌气短、口干舌燥、失眠多梦等夏季心火上炎的症状。

健康吃法： 凉拌、炒食。

小满推荐食材

马齿苋

夏天容易因暴饮暴食导致肠胃不适，此时食用马齿苋菜能帮助清肠、降肝火，对于热证肠道病有不错的效果。

健康吃法： 凉拌、炒食。

桑葚

农谚说："小满桑椹黑"，此时桑椹正好成熟了。桑葚是养肝肾之阴的好食材，中医认为心肾同源，肾水能制心火，使其不致过亢而益心阴，所以桑葚也滋养心阴，对心悸、失眠有一定帮助。

健康吃法： 生食、榨汁。

黄瓜

黄瓜含水量较高，可以消暑除热、补充身体水分。此外，黄瓜中所含的维生素C、膳食纤维等，有助于清除体内垃圾，排毒养颜，预防便秘。

健康吃法： 生食、凉拌、炒食、煲汤。

清热降火

凉拌苦菜

材料 苦菜 500 克。

调料 葱花、蒜末、盐、香油各适量。

做法

1 苦菜洗净，用开水焯烫一下，捞出后挤干水分，切段。

2 苦菜中加入葱花、蒜末，加盐调味拌匀，淋上香油即可。

功效 苦菜清火消暑、凉血止血、健脾祛湿效果好，食用时可搭配肉类、豆制品或谷物，营养更均衡。体弱、脾胃虚寒者应减量食用。

祛除暑热

蓑衣黄瓜

材料 黄瓜 250 克，熟白芝麻 5 克。

调料 姜末、盐、白糖、白醋、干辣椒丝各适量。

做法

1 黄瓜洗净，切去两头，整根切出蓑衣花刀，加盐腌 5～10 分钟，挤去水分。

2 锅内倒油烧热，放入姜末炝锅，放入干辣椒丝煸出红油，再加入适量清水，放入盐、白糖、白醋调味，大火烧沸后转小火熬煮 5 分钟，制成味汁。

3 将黄瓜摆盘，均匀地淋入味汁，撒上熟白芝麻即可。

清肺热

蒜泥马齿苋

材料 马齿苋400克，大蒜20克，熟白芝麻5克。

调料 葱丝10克，盐、醋、花椒粉、酱油、白糖各适量。

做法

1 马齿苋洗净，焯透，沥干；大蒜去皮，切碎。

2 将蒜末、葱丝、盐、醋、花椒粉、酱油、白糖加入马齿苋中，拌匀，撒上熟白芝麻即可。

功效 马齿苋有清肺热的功效。夏季常吃能预防与心火和肺热有关的皮肤病，缓解上火、便秘等症状。

除烦躁

木樨肉

材料 猪肉100克，鸡蛋2个，干木耳、干黄花菜各10克。

调料 盐2克，姜末5克，料酒、淀粉各适量。

做法

1 干木耳用温水泡开，撕成小片；干黄花菜泡软，洗净；猪肉洗净，切片，加盐、料酒、淀粉腌10分钟，滑散；鸡蛋打散，炒成块。

2 锅内再倒入油，下姜末炒香，放入木耳、黄花菜翻炒，放入猪肉片、鸡蛋块翻炒均匀，加盐调味即可。

功效 这道菜有清热利湿、滋阴润燥的功效，可改善夏季的烦躁、困倦、注意力不集中等不适。

小满露

材料 黄瓜1根，薄荷叶5克，柠檬汁适量。

做法

1 黄瓜、薄荷叶洗净，沥干水分；黄瓜切成薄片。

2 将薄荷叶、黄瓜倒入榨汁机，加入适量凉白开，榨成汁。

3 倒出黄瓜汁，挤入柠檬汁即可。

功效 小满露选用薄荷叶和黄瓜榨汁，有清热解暑的功效。对于有郁火症状的人，能清除体内的火气。脾胃虚寒的人不适合饮用。

清心降火

杨力教授养生小课堂

夏季腹泻，
喝山药扁豆粥效果好

夏季湿气重，容易诱发腹泻等症，可以喝山药扁豆粥。白扁豆能健脾化湿，调理因脾胃虚弱所致的食欲不振、暑湿吐泻。取山药100克，白扁豆20克，大米40克，将所有材料放入锅中，加水煮成粥，用盐调味即可。建议每日2次，隔日吃1次，直到症状有所缓解。

＼ 烹饪妙招 ／

如果没有榨汁机的话，也可以直接用薄荷叶、黄瓜、柠檬泡水喝，喝完之后可以把黄瓜也吃掉。

芒种

宜清淡，降心火

芒种： 6月5日、6日或7日。

芒种气候： 芒种，是夏季的第三个节气。《月令七十二候集解》中记载："五月节，唯有芒之种谷可稼种矣。"此时，麦类等有芒作物已经成熟，需要及时抢收；稻类、玉米、大豆等夏播作物要尽快播种，所以也被称为"忙种"。此时，气温显著升高、空气湿度大。

芒种三候： 一候螳螂生；二候鵙始鸣；三候反舌无声。

古人的芒种，是这样吃的

吃梅子，静养勿躁防心乱

> 宋代词人有一首描写春夏之交景物的词，其中有一句："一川烟草，满城风絮，梅子黄时雨。"

进入初夏，古人用一句"梅子黄时雨"生动描写了梅子成熟季节雨连绵不断的景象。新鲜的梅子常被用来制作梅酒或煮梅。《本草纲目》记载："梅，花开于冬而实熟于夏，得木之全气，故其味最酸，所谓曲直作酸也。"梅子可入肝、脾、肺、大肠经，具有收敛生津之效。

梅子

端午遇芒种，吃粽子

芒种节气有一个很重要的传统节日就是农历五月初五——端午节。端午节有吃粽子的习俗，用粽子叶包成的粽子有祛病辟邪、吉祥如意的寓意。

在粽子的"甜咸之争"上，南北方存在着较大的差异。北方多吃甜粽，南方多吃咸粽。北方甜粽，多以红枣、豆沙做馅；南方咸粽，多以咸肉、蛋黄等做馅。

杨力教授养生小课堂

暑湿感冒
喝防风藿香粥散暑气、消浊气

夏季天气炎热、潮湿，暑热与湿邪并存。《医余录》记载："藿香粥散暑气，辟恶气。"藿香粥对于预防夏季暑湿感冒，调理脾胃、呕吐气逆、增进食欲有不错的效果。取藿香10克，防风5克，葱白段30克，大米100克。将防风、藿香、葱白段、适量水一起煎煮10分钟，去渣取汁；将大米加水煮至快熟时加入药汁，煮沸后即可食用。

粽子的包法

粽子以糯米为主料，加入馅料，用粽叶包裹而成，煮熟后即可食用。在端午节不妨自己亲手做粽子，享受美食和传统文化的传承。

 1.将两片粽叶叠在一起。

 2.从粽叶下端三分之二处向上折，呈漏斗形。

 3.往漏斗里装糯米。

 4.添加一半糯米时，将红枣、豆沙等馅料嵌在中间，继续添满糯米。

 5.用粽叶把"漏斗"盖住，用多余的粽叶裹好全粽身，再用小条粽叶或麻绳捆绑住粽子。

 6.将粽子放入滚水锅里煮熟就可以吃了。

青梅

夏天吃撑了、吃油腻了，可以吃点青梅，以消食、解腻。

健康吃法：酿酒、制酱、制梅干。

冬瓜

冬瓜有利尿作用，在闷热潮湿的夏季适当多食，可以祛湿，对水肿型肥胖有一定辅治作用。

健康吃法：炒食、煮食。

芒种
推荐食材

白扁豆

夏季的暑湿之气极易侵入脏腑，白扁豆具有健脾化湿、消暑热的功效，能缓解因夏季暑湿造成的食欲不佳、胸闷头晕、烦躁乏力等症状。

健康吃法：炒食。

杨力教授养生小课堂

**调理湿疹，
建议喝干姜花椒粥**

夏季多雨，有湿热、抵抗力弱的人容易被湿邪侵袭，引发湿疹，皮肤会出现剧烈瘙痒的不适感。干姜花椒粥有温热散寒的功效，可用于调理湿疹。取干姜5克，高良姜片15克，花椒3克，大米100克，红糖适量。将干姜、高良姜片、花椒包成药包，与大米一起加清水煮粥，30分钟后取出药包，加入红糖煮化即可。

莲子

夏季容易心神不宁、食欲不佳，莲子能补脾止泻，养心安神，对于心悸失眠有较好的调理效果。

健康吃法：做汤羹、熬粥。

冬瓜丸子汤

消肿
利尿

材料 猪肉馅200克，冬瓜150克，
鸡蛋清1个。

调料 盐、葱末、姜末、香菜末各适量。

做法

1 冬瓜洗净，去皮，切片。猪肉馅中调
入鸡蛋清、葱末、姜末、盐，逐渐加
少许清水搅至上劲，挤成大小均匀的
丸子。

2 锅内加水烧开，下入丸子，煮开，放
入冬瓜片煮熟，撒上香菜末即可。

白扁豆薏米红枣粥

健脾
祛湿

材料 白扁豆、莲子各10克，薏米50克，
红枣20克，陈皮3克，大米30克。

做法

1 白扁豆、莲子、薏米淘洗干净，浸
泡4小时；大米淘洗干净，浸泡30
分钟；红枣洗净，去核。

2 锅内加适量清水烧开，将除陈皮外的
所有材料放入锅中，大火烧开后转小
火煮50分钟，放入陈皮煮10分钟，
熬至粥稠即可。

清心泻火

莲子心甘草茶

材料 莲子心 2 ~ 3 克，甘草 3 克。

调料 冰糖适量。

做法

1 将莲子心和甘草放入杯中。

2 将烧开的沸水倒入杯中冲泡，调入冰糖至其化开，凉至温热即可。

功效 莲子心性寒，味苦，能清心安神、交通心肾，对心烦少眠、心肾不交、失眠遗精有很好的改善作用；甘草有止咳、润肺、补脾的作用。二者搭配做茶饮，清心泻火效果好。

生津除烦

自制梅子酱

材料 梅子 500 克。

调料 白糖 250 克，盐少许。

做法

1 梅子洗净，用加了盐的清水浸泡 24 小时，去除涩味。

2 锅内放入适量清水，放入梅子煮开，倒掉锅中的水，用锅铲把梅子压碎，让果肉和果核分离。

3 净锅置火上，加果肉、白糖和适量水、少许盐，边小火熬煮，边用锅铲翻动，熬到果肉和糖完全融合、冒大泡时，关火，放入玻璃瓶里盖上盖子，放凉后放入冰箱保存，需要时取适量用作果酱食用。

\ 烹饪妙招 /

芒种时节梅子逐渐变黄，但还没有完全熟透。九成熟的梅子最适合用来做梅子酱。

青梅酒

材料　青梅1000克，白酒1500克。

调料　冰糖250克。

做法

1 青梅用盐水泡洗干净，擦干水分，放进一个大的广口玻璃瓶里，往瓶里放入一半冰糖。

2 将白酒倒入瓶中，倒至五六分满，盖好盖子，放到阴凉通风避光处。

3 两个星期后，把剩下的冰糖放入瓶中，放置三个月，即可饮用。

-小贴士-

酿制青梅酒建议选用纯粮食酿造的高度白酒，这样青梅不容易坏。冰糖推荐选用黄冰糖。

杨力教授养生小课堂

酒梅干
开胃、消食、止咳效果好

在我国浙江、福建等青梅产地，都有泡青梅酒的习俗。泡过酒的青梅捞出来后可以直接吃。当酒喝完后，也可以将剩下的梅子放在太阳下晒至表皮呈收缩状，即为酒梅干，其不仅开胃、消食，还能缓解夏天喉咙干痒的问题。

健胃消食

夏至

清除暑热痱毒

夏至：6月20日、21日或22日。

夏至气候：夏至是北半球白昼时间最长的一天，过了夏至，白昼逐渐缩短。夏至开始高温天气增多，但还不是最热的时候。

夏至三候：一候鹿角解；二候蝉始鸣；三候半夏生。

古人的夏至，是这样吃的

一碗夏至面，暑气消一半

> 有句谚语："冬至饺子夏至面。"

吃夏至面是夏至节气的传统习俗。夏至这天，家家户户都要吃过水面，当热得满身大汗时吃上一碗凉面，解暑降温，浑身爽利。

在北方，夏至前后，正是小麦丰收、新粉上市之时，古人以面食敬神，庆祝丰收，自然有了吃面的习俗。现在夏至面的种类很多，如老北京炸酱面、山西刀削面、武汉热干面、四川担担面等，展现了各地别有的风情。

老北京炸酱面
将煮熟的面条、炸酱和黄瓜丝、豆芽等蔬菜一起拌着吃。

山西刀削面
刀削面是用刀削出的面，棱锋分明，形似柳叶。

兰州拉面
兰州拉面面条黄亮，配以清汤，配菜有白萝卜片、牛肉片、香菜、小葱等。

武汉热干面
热干面是将面条煮好后捞出，淋上酱汁食用，不带汤水。

河南烩面
烩面由面条、高汤和多种配菜搭配组成，高汤选用上等羊肉、羊骨长时间熬煮而成。

四川担担面
担担面油重，油汤不分，肉糜浇头上还会撒葱花、花生碎。

适当多吃酸味、咸味、苦味食物

夏季多汗，除了水分，电解质损失也多，若缺钾，就容易出现全身乏力、心律不齐等。中医认为，此时应该多吃酸味食物以固表，多吃咸味食物以补心；夏至前后还可多吃苦味食物以清心，如苦瓜、苦菜、穿心莲、莲子等。

不贪凉，护脾胃

《食治通说》载："夏月不宜冷饮，何能全断？但勿宜过食冷水与生硬果、油腻、甜食，恐不消化，亦不宜多饮汤水。"

从中医角度来看，夏季是人体阳气最旺盛的季节，此时阳气浮于外，阴气则伏藏于体内，外热内寒，因此夏季饮食不可过寒，冷食贪多会伤脾胃，引发吐泻。西瓜、绿豆汤等虽然可解暑热，但也应适量食用。

绿豆汤

西瓜

杨力教授养生小课堂

夏日空调病，用藿香正气水对症

藿香正气水，源自宋代《太平惠民合剂局方》记载的藿香正气散。夏天天气炎热，空调吹得时间过长或温度太低，有些人会出现咳嗽、头痛、腹泻、流涕等感冒症状。这种因为天热贪凉引起的不适，藿香正气水就很对症，能调中正气于内、疏表正气于外，使表无寒邪，内无湿滞。

藿香正气水

绿豆

用绿豆熬绿豆粥、煮绿豆汤喝，有助于降温消暑，夏季可常喝。

健康吃法： 煮汤、煮粥。

鲫鱼

味道鲜美，健脾利湿、利水消肿效果好。

健康吃法： 炖食、煮汤。

油菜

夏季天气炎热，易引发口腔溃疡、牙龈出血等上火症状。油菜有一定解毒凉血作用，有助于缓解热毒疮疖、上火等症状。

健康吃法： 炒食、煮汤。

菜花

菜花含有丰富的维生素及矿物质（如钾），能补充身体流失的营养，还能助消化、增食欲。

健康吃法： 炒食、凉拌。

夏至推荐食材

菠萝

菠萝中的菠萝蛋白酶可分解食物中的蛋白质，促进肠胃蠕动，对夏季消化不良有帮助。从中医角度来看，菠萝可补脾胃、固元气、益气血。

健康吃法： 生食、榨汁。

生菜

生菜富含膳食纤维和维生素，可以帮助清理肠道。

健康吃法： 凉拌、炒食。

荔枝

广东有句谚语："夏至食个荔，一年都无弊。"夏至是阳气由盛转衰的转折点，可以吃荔枝以固阳。荔枝有养血健脾、温中散寒的功效，但每次不宜多吃。

健康吃法： 生食、炖食。

消暑
解毒

虾仁油菜

材料 油菜200克，虾仁75克。

调料 盐2克，蒜末适量。

做法

1 油菜择洗干净；虾仁洗净控干。

2 锅中烧开水，将油菜段放入，焯熟后，捞起控干。

3 油锅烧热，爆香蒜末，倒入虾仁炒至变色，放油菜翻炒，加盐调味，炒匀即可。

功效 油菜有一定解毒凉血功效，虾仁可补肾壮阳、养血固精，二者一起食用可消暑解毒。

祛湿
利尿

鲫鱼冬瓜汤

材料 鲫鱼300克，冬瓜150克。

调料 盐、葱段、姜片、香菜段、料酒、白胡椒粉各适量。

做法

1 鲫鱼治净，抹料酒、盐腌10分钟；冬瓜去皮除子，切片。

2 油锅烧热，下葱段、姜片爆香，放入鲫鱼，煎至两面金黄，加开水煮沸，放冬瓜片，小火慢炖至汤色奶白，加盐调味，放入香菜段，撒上白胡椒粉即可。

功效 冬瓜有利尿作用，夏季常食可除湿热；搭配利水消肿、健脾开胃的鲫鱼，祛湿、利尿效果好。

夏至静心汤

材料 萱草、合欢皮、百合各6克，猪瘦肉100克，
小麦30克，茯苓5克，红枣6枚。

做法

1 合欢皮洗净，放入清水中浸泡30分钟。红枣去核，
萱草、百合、小麦、茯苓洗净。猪瘦肉洗净，切成
条状。

2 锅内加适量清水，放入所有材料，大火煮沸转小火
煮1小时左右，至猪肉软烂即可。

功效 萱草又称"解忧草"，有利膈、清热、养心、
解忧的功效；合欢皮有养护脾胃、静心安神的作用；
小麦可养心、止烦；百合、猪肉可以滋阴，搭配茯苓
和红枣，可以平心静气、养神。这道汤平和温润，一
般人群都能安心食用。

＼ 烹饪妙招 ／

此汤味道香浓，有淡淡的
甜味，无须放盐。

养心
护脾胃

绿豆粥

材料 绿豆50克，大米100克。

做法

1 绿豆洗净，浸泡4小时，锅中加适量清水，放入绿豆，大火烧沸，转小火煮30分钟左右。

2 放入大米，用中火煮30分钟左右，煮至米粒开花，粥稠即可。

功效 这款粥有清热解毒、解暑止渴的作用，适用于调理中暑、暑热烦渴等不适。

更多搭配

☑ 绿豆 + 大米 + 荷叶 = 清暑化湿，凉血降火

☑ 绿豆 + 薏米 + 大米 = 清肝健脾，祛湿气

☑ 绿豆 + 玉米粒 + 大米 = 帮助消化，促进排毒

《老老恒言》载：『绿豆粥解热毒。按兼利小便，厚肠胃，清暑下气，皮寒肉平。』

杨力教授养生小课堂

苦瓜绿豆冰糖饮
清热消暑

绿豆可防暑清热，是夏天必备的消暑佳品。苦瓜性寒，味苦，也是清热解毒的佳品，与绿豆和冰糖搭配，消暑效果更佳。取绿豆20克，苦瓜块100克，冰糖适量。将绿豆放入锅中煮熟，再加入苦瓜块稍煮，加冰糖煮化即可。

清热解暑

小暑

祛湿毒，防腹泻

小暑： 7月6日、7日或8日。

小暑气候： 小暑是夏季的第五个节气。暑代表炎热，小暑节气期间会迎来"头伏"，然后进入夏季最热的"三伏"，进入三伏天后天气变得更加闷热、潮湿。

小暑三候： 一候温风至；二候蟋蟀居宇；三候鹰始鸷。

古人的小暑，是这样吃的

吃西瓜，解暑清热

《本草纲目》载："西瓜性寒解热，有天生白虎汤之号。"

小暑时节正是产西瓜的旺季，此时的西瓜又甜又脆，非常可口。西瓜有除烦解暑、利水消肿的作用。西瓜全身都是宝。除了西瓜瓤，西瓜皮也可以食用，口感类似黄瓜，可以凉拌、清炒，而且西瓜皮在解暑利尿的作用上比西瓜瓤强。需要注意的是，脾胃虚弱、年老体衰的人建议少吃。

头伏吃饺子、伏羊

头伏吃饺子是一些地方的传统习俗。一是，进入头伏容易出现食欲不振从而变得消瘦，而饺子在传统习俗里属于开胃解馋的食物。二是，此时正是吃新麦的时候。饺子外皮由面粉制成，内馅荤素搭配，煮熟的饺子蘸上醋，解腻又能增进食欲。

头伏饺子

有一些地方还有头伏吃羊肉、喝羊肉汤的习俗。比如徐州有句民谣："六月六接姑娘，新麦饼羊肉汤"，可见当地人伏天喝羊肉汤的习俗。三伏天是"冬病夏治"的好时期，此时吃羊肉可以将体内的寒气驱除。

羊肉汤

多食用消暑祛湿的食物

《理虚元鉴》载："夏防暑热，又防困暑取凉。"

夏季湿热邪气侵袭，容易引起乏力、中暑等症。解暑的同时要注意不应过于贪凉，损耗体内阳气，控制好空调的温度，不吃凉食。可以多食用绿豆、白扁豆、莲子、荞麦、鲫鱼、鸭肉等食物，以清热、消暑、祛湿。

杨力教授养生小课堂

夏季寒泄
喝车前子粥效果好

小暑期间尽量不要吃寒凉食物，否则容易因脾胃寒盛或寒邪导致寒泄，调理寒泻需温补脾胃、除寒散邪，车前子粥是不错的选择。取车前子 20 克，大米 100 克，冰糖适量。大米洗净，用冷水浸泡 30 分钟；车前子用纱布包好、勒紧。锅内加适量水，放入车前子包，大火煮 15 分钟取出，放入大米，大火煮开后转小火煮成粥，加入冰糖至化开即可。孕妇及肾虚精滑者慎食。

鳝鱼

小暑前后一个月的鳝鱼圆肥丰满、柔嫩鲜美，有"小暑黄鳝赛人参"之说。中医认为，鳝鱼有益气血、补肝肾、强筋骨、祛风湿的功效。

健康吃法： 炒食、煲汤。

紫苏

夏季是收获紫苏的季节。《本草纲目》载："紫苏嫩时有叶，和蔬茹之，或盐及梅卤作菹食甚香，夏月作熟汤饮之。"紫苏有解表散寒，行气和胃的作用。对于夏季外感风寒引起的发热、怕冷、头痛、咳嗽等，有一定的缓解作用。

健康吃法： 生食、煲汤。

西瓜

《本草纲目》载西瓜"消烦止渴，解暑热"，而且"宽中下气，利小水，治血痢，解酒毒，治口疮"。夏季吃西瓜能够利尿、消水肿，调理因夏季中暑或其他热证引发的发热、口渴、尿少、汗多、烦躁等症。

健康吃法： 生食、榨汁、熬汤。

毛豆

毛豆虽是四季食材，但很适合夏季食用。毛豆富含钾，可有效补充因三伏天流汗过多导致的电解质流失。此外它还含有植物雌激素，有改善更年期不适、预防骨质疏松的功效。

健康吃法： 煮食、炒食。

小暑推荐食材

杨力教授养生小课堂

出痱子，用枇杷叶水洗澡能止痒除痱

夏季湿热，容易起痱子，皮肤瘙痒难忍。可以用枇杷叶煮水沐浴全身，能抗菌消炎，缓解瘙痒症状。取枇杷叶 60 克。枇杷叶洗净，放入锅中用水煎 15 分钟，倒入浴盆中，待水温后洗全身，每日 1 次。

益气
补脾胃

鳝鱼姜丝小米粥

材料 小米 80 克，鳝鱼 100 克，姜丝 15 克。

调料 盐、葱花各适量。

做法

1 小米洗净；鳝鱼治净，切段。

2 锅内加适量清水烧开，加入小米，大火煮开后转小火煮约 15 分钟。

3 放入鳝鱼段、姜丝，转小火熬至粥黏稠，加盐调味，撒上葱花即可。

补脾
安神

莲子银耳羹

材料 干银耳 5 克，莲子 10 克，红枣 3 枚。

调料 冰糖适量。

做法

1 干银耳泡发，洗净，去除根部，撕成小朵；莲子、红枣洗净。

2 银耳、莲子、红枣放入锅内，加水没过所有食材，大火煮开后，转小火煮 1 小时，加入冰糖，至羹黏稠即可。

功效 莲子银耳羹有滋阴润肺、补脾安神、生津润燥的功效，非常适合夏季心烦失眠、食少乏力、脾胃虚寒的人食用。

提振
食欲

水煮毛豆花生

材料 毛豆300克，花生150克。

调料 花椒、大料、香叶、干辣椒、生姜、
盐各适量。

做法

1 毛豆、花生洗净。毛豆剪去两端，花
生顶端开个小口。

2 锅中加入适量水，放入花椒、大料、
香叶、干辣椒、生姜，将洗净的毛豆
和花生放入锅中煮熟。

3 煮熟后加盐调味，将煮好的毛豆和花
生在汤汁里浸泡一会儿，待味道渗入
后即可食用。

驱寒
散表

紫苏桃子姜

材料 桃子2个，紫苏叶200克，生
姜100克。

调料 白醋20克，白糖25克，盐3克。

做法

1 桃子、紫苏叶、生姜洗净，桃子和生
姜切成薄片，紫苏叶剪碎。

2 所有材料放入瓶中，加盐拌匀。

3 盖上瓶盖腌2小时，加入白醋和白糖，
搅拌均匀，冷藏约24小时左右即可
食用。

功效 桃子性温，味甘、酸，能补心血，
养阴生津；紫苏叶和生姜属辛味食
物，能解表散寒。如果夏季不小心受
了凉，吃紫苏桃子姜，可以温中散寒、
解腻生津。

清热解毒

香干炒芹菜

材料 芹菜 250 克，豆腐干（香干）
300 克。

调料 葱花、酱油各适量。

做法

1 芹菜择洗干净，切长段；豆腐干洗净，切条。

2 炒锅置火上，倒油烧至七成热，下葱花炝锅，放芹菜段、豆腐干条炒拌均匀，加酱油调味即可。

提神醒脑

番茄葡萄饮

材料 番茄 200 克，葡萄、苹果各 100 克。

调料 柠檬汁适量。

做法

1 番茄、苹果洗净，去皮，切丁；葡萄洗净，去子。

2 将所有食材、适量水放入榨汁机中，榨好后倒入杯中，加柠檬汁即可。

功效 夏季天气炎热，人容易犯困、乏力。番茄葡萄饮有提神醒脑、解除疲乏感的作用，非常适合夏季饮用。

大暑

多吃苦，防暑不停歇

大暑： 7 月 22 日、23 日或 24 日。

大暑气候： 大暑是夏季的最后一个节气。《月令七十二候集解》载："大暑，六月中。暑，热也，就热之中分为大小，月初为小，月中为大，今则热气犹大也。"此节气正值"三伏天"里的"中伏"前后，是一年中最热的时期，而且多暴风骤雨。

大暑三候： 一候腐草为萤；二候土润溽暑；三候大雨时行。

古人的大暑，是这样吃的

来碗热汤面，排暑气

《荆楚岁时记》载："六月伏日，并作汤饼，名为辟恶。"

这里的"汤饼"指的就是汤面。入夏后胃口不好，而面食易消化，伏天吃碗热汤面能让身体发汗，排出体内的湿气和暑气。

汤面

"六月大暑吃仙草，活如神仙不会老"

仙草，又名凉粉草，味甘、淡，性凉，入脾、肾经。仙草具有凉血解暑、止渴降压、清热利湿的作用。广东人大暑时节有吃仙草的习俗，民间有

"六月大暑吃仙草，活如神仙不会老"的说法。仙草的茎叶晒干后可以制作成烧仙草，是一种很受欢迎的消暑甜品。

烧仙草

杨力教授养生小课堂

阴暑证
喝生姜梨汁解表散寒效果好

阴暑证是由于夏季贪凉，长时间处于空调房等阴寒潮湿之地，或饮用大量冰镇冷饮，风、寒、湿邪入体所致，在调理上多以解表散寒，祛暑化湿的温药为主。取生姜20克，梨1个。梨洗净，切片；生姜洗净，切小块。将梨片、生姜块放入锅中，加入适量清水，小火煮15～20分钟即可。生姜梨汁具有解表散寒、温中止呕、温肺止咳的功效。

生姜　　　　　梨

杨力教授养生小课堂

阳暑证
喝苦瓜茶消暑效果好

阳暑证指长时间在暑热天气下从事劳动，出现多汗、头晕无力、胸闷气短、恶心等中暑症状。此时应尽快到阴凉通风处休息，吃一些清凉解暑的食物，也可以自制苦瓜茶。取鲜苦瓜150克，绿茶3克。苦瓜洗净，去瓤，装入绿茶后挂于通风处。阴干后，洗净外部，擦干，与茶叶一起切碎，混匀。每次取6克，用沸水冲泡，盖盖子闷20分钟即可。苦瓜与绿茶都有消暑的作用，能缓解夏季中暑带来的不适。

绿茶

苦瓜

多吃些祛湿健脾的食物

俗话说："小暑大暑，上蒸下煮。"意思就是说大暑节气的暑热会更加突出，像是蒸桑拿。所以，大暑养生应注意防暑、祛湿。

夏季脾胃比较虚弱，湿邪容易入侵，此时适合吃一些化湿健脾的食物，如薏米、白扁豆、红豆、山药等。

益气养阴的食物不可少

大暑天气炎热，出汗较多，容易耗气伤阴，出现"无病三分虚"的状态。建议及时补充水分，多吃一些益气养阴又清淡的食物，如小米、花生、鲢鱼、鳝鱼、山药、红枣、鸡蛋、牛奶、蜂蜜、莲藕等，这些都是夏日进补的佳品。

小米

山药

花生

杨力教授养生小课堂

**食欲不振
喝菠菜葡萄汁效果好**

夏季容易出现食欲不振的情况，因此要避免伤胃的习惯，如喜食生冷、吃饭不规律、睡前饱食等，需保持规律的饮食习惯。建议适当食用山楂、橙子、酸奶等酸味食物以增进食欲，也可以自制一杯菠菜葡萄汁。取草莓 30 克，菠菜、葡萄各 50 克，蜂蜜适量。将所有食材洗净，菠菜焯烫，所有食材放入榨汁机中加水打汁，加适量蜂蜜调味即可。

鸭肉

鸭肉是大暑节气很好的清补食材。鸭肉有清热补血、养胃生津等功效。大暑时期容易出现食欲不佳、身体乏力等体虚症状，吃鸭肉既能给身体补充营养，又能增进食欲、祛暑消疲，所以民间也有"大暑老鸭胜补药"的说法。

健康吃法： 凉拌、炖食。

番茄

番茄口感酸甜，富含维生素C，可以清热止渴，预防口舌生疮；还含有丰富的番茄红素，有抗衰老、护心脏的功效。

健康吃法： 生食、炒食。

大暑
推荐食材

生姜

"冬吃萝卜夏吃姜"是一种传统的养生观念。姜性温，味辛，有发汗解表、温胃止呕的功效。夏季气温高，人们容易贪凉，喝冷饮，导致脾胃虚寒，此时吃一点姜可以散寒、止呕。

健康吃法： 煮水、炒食。

莴笋

莴笋能促进肠道蠕动，增强食欲。此外，莴笋富含钾，钾能维持心脏节律，避免因流汗过多缺钾所致的心率不齐。

健康吃法： 生食、炒食、煮食。

丝瓜

丝瓜含B族维生素、维生素C等，有助于缓解夏季食欲不振，可以清热化痰、凉血解毒、解暑除烦，夏季宜多吃一点。

健康吃法： 炒食、煮汤。

苦瓜

《本草纲目》载苦瓜："除邪热，解劳乏，清心明目。"苦瓜可清热消暑，止烦渴，是大暑时节消暑的好食材。

健康吃法： 凉拌、炒食、煮汤。

伏姜

材料　生姜150克，紫苏叶50克，杏仁5克。

调料　酱油、花椒末、白醋、蒜碎各适量。

做法

1 所有材料洗净，生姜切片、紫苏叶切段，用开水焯一下，杏仁压碎备用。

2 将生姜片控干水分，倒入白醋腌2~3小时。

3 将腌好的生姜片取出沥干，与花椒末、紫苏叶段、杏仁碎、酱油、蒜碎一起搅拌均匀即可。

功效　生姜有发散之力，能驱除体内寒气；花椒配合姜，共同驱散五脏六腑的寒气；配以杏仁，使伏姜更加平和。大暑节气吃一些伏姜，有散寒、开胃、提神、止咳平喘的作用。

《食宪鸿秘》记载了一道很适合大暑吃的食物，就是伏姜。中医讲"虚则生内寒"，伏姜的辛香之气，在夏季能帮助人们驱散身体中的寒气，同时具有发汗解表、温中益气、暖胃健脾等功效。伏姜搭配大米粥也别有一番风味。

散寒

清热解暑

苦瓜排骨汤

材料 苦瓜 250 克，排骨 200 克。

调料 葱段、姜片、料酒、盐各适量。

做法

1 苦瓜洗净，切块，焯水；排骨洗净，切块，焯水备用。

2 锅内放入适量水，加入排骨，大火烧开后放入葱段、姜片、料酒，煮30 分钟后加入苦瓜同煮，加适量盐调味即可。

功效 苦瓜排骨汤能清热消暑，滋阴润燥，增进食欲。

健脾利湿

冬瓜薏米老鸭汤

材料 老鸭半只，冬瓜 200 克，薏米50 克。

调料 葱花、姜片各 3 克，盐适量。

做法

1 老鸭收拾干净，去头、屁股和鸭掌，剁成大块；冬瓜洗净，去皮除子，切大块；薏米洗净，冷水浸泡 2 小时以上。

2 锅中加冷水，放入鸭块，大火烧开煮 3 分钟，撇去血水，捞出，用清水洗净备用。

3 另起锅，锅中放少量油，放入葱花和姜片炒香，倒入鸭块炒至变色，加适量热水和薏米，小火炖煮 1 小时，放入冬瓜块，继续炖 20 分钟左右，加盐调味即可。

健脾
开胃

姜汁莴笋

材料 莴笋400克,红彩椒、姜各20克。

调料 白醋10克,香油、盐各适量。

做法

1 莴笋洗净,去皮切条,加白醋和盐
  略腌,捞出;红彩椒洗净,去蒂及子,
  切丝;姜制成姜汁。

2 将莴笋条加入姜汁、香油和盐拌匀,
  点缀红彩椒丝即可。

功效 莴笋有健脾开胃的作用;姜汁
有暖胃的效果。两种食材搭配在一起
清香爽口,能增进食欲,让人胃口大开。

延缓
衰老

番茄炒蛋

材料 番茄300克,鸡蛋2个。

调料 盐2克。

做法

1 鸡蛋打成蛋液;番茄洗净,切块,
  备用。

2 锅内倒油烧热,倒入鸡蛋液炒至表
  面金黄,捞出。

3 锅内放入少许油,放入番茄块翻炒
  至出沙,加鸡蛋和盐,炒匀即可。

消暑
利肠

丝瓜炒鸡蛋

材料 丝瓜200克，鸡蛋2个。

调料 盐2克。

做法

1 丝瓜去皮，洗净，切滚刀块；鸡蛋打散。

2 锅内倒油烧至六成热，倒入鸡蛋液，炒成鸡蛋块，盛出。

3 锅底留油，将丝瓜块放入锅中翻炒，加少许水，炒至丝瓜呈透明状，倒入鸡蛋块、盐，翻炒均匀即可。

功效 丝瓜炒鸡蛋是一道营养均衡、口感鲜美的菜肴，富含蛋白质、维生素等，有助于夏季消暑利肠、凉血解毒。

清热
解暑

肉末烧茄子

材料 猪瘦肉100克，茄子400克，青豆30克。

调料 葱花、姜末各5克，白糖2克，酱油、水淀粉各3克，盐适量。

做法

1 猪瘦肉洗净，去净筋膜，切末；茄子洗净，去蒂，切滚刀块；青豆洗净。

2 锅内倒油烧热，炒香葱花、姜末，倒入肉末煸熟，下入茄子块、青豆翻炒均匀，加入白糖、酱油和适量清水烧至茄子熟透，加盐调味，用水淀粉勾薄芡即可。

\ **烹饪妙招** /

茄子不宜去皮食用，因为茄皮含有丰富的芦丁和花青素等营养成分，有助于保护心血管。

秋

食韵

立秋

清热防阴暑，防"秋老虎"

立秋： 8月7日、8日或9日。

立秋气候： 立秋是秋天的第一个节气。立秋，指暑去凉来，意味着秋天之始。立秋时节，梧桐树开始落叶，谷物将熟，天气逐渐凉爽，但夏天的暑热并没有一下子消退，有时会出现素有"秋老虎"之称的高温天气。立秋在农历中标志着秋季的开始，但现代气象学认为，当连续5天的日平均气温低于22℃时，秋天才真正到来。

立秋三候： 一候凉风至；二候白露降；三候寒蝉鸣。

古人的立秋，是这样吃的

立秋"啃个秋"，消除夏日暑气

> 《津门杂记·岁时风俗》载："立秋之时食瓜，曰咬秋，可免腹泻。"

古时，人们在立秋前一天把瓜、蒸茄、香糯汤等放在院子里凉一晚，在立秋当天吃以清暑气、避痢疾。现在，人们则常吃香瓜、西瓜来"啃秋"。

"啃"香瓜： "啃"香瓜，寓意防秋燥，让人舒舒服服地度过秋天。

香瓜

"啃"西瓜：有的地方立秋吃西瓜，寓意"啃"去"秋老虎"。但脾胃虚弱的人应该少吃。

西瓜

减辛增酸，忌生冷，重养肺

《素问·脏气法时论》载："肺主秋……肺收敛，急食酸以收之，用酸补之，辛泻之。"

酸味收敛肺气，辛味发散泻肺，秋天宜收不宜散，所以要多酸少辛，多吃酸味食物，如柠檬、橘子、山楂、石榴、柚子、葡萄等，少吃辛辣食物，如葱、辣椒等。另外，天气由热转凉，要忌食生冷，避免脾胃寒凉，引起消化道疾病。

滋阴润燥的食物不可少

燥为秋季的主气，称为"秋燥"。每逢久晴未雨、气候干燥之际，常易发生燥邪为患。燥邪易伤人体津液，所以秋季多出现口干咽燥、干咳、皮肤干燥、肠燥便秘等不适。因此，秋季应选择甘润、滋阴、润燥的食物，如芝麻、蜂蜜、梨、甘蔗、柿子、百合、银耳、白萝卜、豆浆等。

立秋"贴秋膘"，为时过早

夏季人们通常缺乏胃口，饮食清淡，体重也会下降。秋风一起，食欲就乘势大增，但从中医角度来看，此时"贴秋膘"为时过早。立秋时天气仍较炎热，人的消化功能较弱，进食过多肉类容易增加肠胃负担。

茄子

立秋之后容易出现鼻咽干燥、干咳少痰、声音沙哑、皮肤干燥、目赤牙痛、便秘等"秋燥"的症状。茄子性凉，味甘，有清热、消肿、健脾和胃的功效，能降"火气"，除秋燥。

健康吃法： 炒食、蒸食、凉拌。

板栗

《名医别录》载板栗："主益气，浓肠胃，补肾气，令人耐饥。"栗子香甜美味，可代替部分主食。秋天吃板栗有助于养胃健脾，补肾强筋。

健康吃法： 炒食、蒸煮。

白扁豆

《本草纲目》载白扁豆："止泄痢，消暑，暖脾胃，除湿热，止消渴。"夏秋之交吃白扁豆可以健脾除湿，补夏季的耗损，为秋冬积蓄能量。

健康吃法： 煮粥、炒食。

**立秋
推荐食材**

蜂蜜

蜂蜜有养阴润肺、润肠通便的功效。立秋也意味着天气越来越干燥了，此时食用蜂蜜可清热润燥，帮助缓解肠燥便秘、肺燥咳嗽等。

健康吃法： 直接冲服。

山楂

立秋可适当多吃山楂，其性微温，味酸、甘，有消食健胃、行气散瘀、化浊降脂的功效，可用于肉食积滞、胃脘胀满。

健康吃法： 做汤羹、生食、榨汁。

黑芝麻

黑芝麻能补肝肾、滋五脏、益精血、润肠燥，可用于咽干舌燥、大便干结等症。

健康吃法： 榨浆、做馅、煮粥。

鱼香茄子煲

材料　茄子 350 克，猪肉末 100 克，冬笋 50 克。

调料　葱末、姜末、蒜末、盐各少许，生抽、白糖、
豆瓣酱、高汤、淀粉各适量。

做法

1 茄子洗净，切条；猪肉末加淀粉和生抽腌 10 分钟；
　冬笋洗净，去老皮，切丝。

2 锅中倒油烧热，放葱末、姜末、蒜末、豆瓣酱爆香，
　放猪肉末炒至变色，放入茄子条、冬笋丝翻炒几下。

3 锅中加生抽、盐、白糖和高汤，大火烧至茄子条
　入味，然后倒入预热的小煲内，小火焖 5 分钟，撒
　上葱末即可。

功效　茄子能清热去火，活血消肿；猪肉益气补虚。
二者搭配冬笋制成茄子煲，不仅味道鲜美，还能开胃
促食、化痰下气、清热除烦，帮助调理身体，缓解秋乏。

☑ 茄子 + 柿子椒 = 清热消肿，消胀除满

☑ 茄子 + 苦瓜 = 解毒利尿

☑ 茄子 + 番茄 = 助消化，增进食欲

清热
除烦

茄子的健康吃法

1. 吃茄子时不宜去
皮。茄皮含有较多芦丁，
能增强毛细血管的弹性，
降低毛细血管的脆性及
渗透性，可防止微血管
破裂出血，有助于降低
血压，预防心血管疾病。

2. 茄子炒食极易吸
油，为了避免炒时吸油
太多，油脂摄入过多，
可以在炒茄子之前先将
茄子焯熟，或裹上保鲜
膜在微波炉里热熟。

板栗烧鸡

清代袁枚在《随园食单》中就有记载"栗子炒鸡"的做法，可见古人对这道菜的钟情。

材料 鸡肉300克，板栗肉150克。

调料 葱段、姜片、料酒、酱油、白糖各5克，盐适量。

做法

1 鸡肉洗净，切块，加料酒、盐腌10分钟；板栗肉洗净沥干。

2 锅内倒油烧热，爆香葱段、姜片，将鸡块炒至金黄，加入酱油、料酒、白糖、盐，加适量清水烧开，放入板栗肉，焖至熟烂即可。

板栗生吃熟吃有不同

板栗吃法有很多，如蒸食、炒食、煮食，或用栗泥制作各种糕点等。板栗生吃、熟吃功效不同。

1. 熟板栗脾肾兼补，侧重于补气。如果经常腹泻，可以吃熟板栗帮助调理。

2. 生板栗则侧重于补骨，用于调理腰腿疼痛，每天吃5~7颗。脾胃虚寒者不建议生食。

补虚益气

开胃健脾

黑米黑芝麻豆浆

材料 黑米50克，花生、黑芝麻各10克。

调料 白糖适量。

做法

1 黑米淘洗干净，用清水浸泡2小时；花生洗净；黑芝麻洗净，沥干水分，擀碎。

2 所有材料倒入豆浆机中，加水至上下水位线之间，按下"五谷"键，煮至豆浆机提示做好，加白糖调味即可。

功效 黑芝麻益气养阴；黑米开胃健脾；花生理气养胃。三者搭配制成豆浆能补充营养，对初秋易出现的肠胃不适、消化不良、便秘等有调理作用。

健脾

清炒扁豆丝

材料 扁豆300克。

调料 蒜片10克，盐适量。

做法

1 扁豆洗净，去老筋，切丝，焯水后，捞出控干水分。

2 锅内放油烧热，放蒜片煸炒出香味，放入扁豆丝翻炒，再加少许水略炒至熟，加盐调味即可。

功效 "长夏应脾而变化，秋应肺而养收"，长夏即立秋到秋分这段时间，吃扁豆能去湿健脾、助消化、增进食欲。

\ **烹饪妙招** /

扁豆焯水可去除豆腥味，便于翻炒时入味。

山楂罐头

秋天易肺燥咳嗽，这时来一罐自制山楂罐头，不仅生津止渴，还能帮助消化、增进食欲。

材料 山楂200克，冰糖20克。

做法

1 山楂洗净，去蒂除核。

2 锅内加水烧开后加入冰糖熬化，放入山楂，水开后转小火煮10~15分钟。

3 将山楂同糖水倒入容器中，凉后放入冰箱冷藏，随吃随取。

功效 酸味的山楂可收敛肺气、健胃消食、活血化瘀，适合立秋时节食用。

消食
化积

自制冰糖葫芦

1. 山楂洗净，去核。

2. 用竹签将山楂一个一个穿起来。

3. 锅里加冰糖和水（1:1）熬煮，直到冰糖化成糖浆，熬至黏稠，转小火。

4. 取一根穿好的山楂，在糖浆中转一下，立即拿出放在案板上。

5. 凉一凉就可以吃了！

洋参百合蜜饮

立秋之后天气开始干燥，此时可以煲一些清润的汤汤水水以解秋燥。

材料 西洋参5克，鲜百合10克，蜂蜜4克。

做法 西洋参、百合洗净，放入砂锅内，加清水，煮1小时，加蜂蜜拌匀即可。

功效 西洋参能补气养阴，清热生津；百合有养阴润肺，清心安神的功效；蜂蜜甘润清甜，可养阴润燥。这道饮品可益气生津，润肺化痰。

养阴润燥

蜂蜜的健康吃法

1. 蜂蜜不耐高温，冲调时最好用温水，否则会破坏其营养成分。每天清晨，在温开水中加入一勺蜂蜜，调成蜂蜜水饮用，可润肠燥。

2. 感冒咳嗽可用蜂蜜蒸梨。取梨1个，蜂蜜适量。梨洗净，掏出核，将蜂蜜直接填入，放入蒸锅中加热蒸熟即可。

3. 蜂蜜金橘饮可缓解感冒咳嗽。取金橘2个，蜂蜜适量。金橘一切两半，放入沸水中闷5分钟，加蜂蜜调味即可。

\ **烹饪妙招** /

蜂蜜的质量与其功效直接相关，购买时应选择色泽清晰明亮、颜色略深、没有沉积且浓稠的蜂蜜。

处暑

防秋燥，清肺热，安神

处暑： 8月22日、23日或24日。

处暑气候： 处暑节气意味着暑气至此而止。此时是由热转凉的交替时期，夏天的暑热正式终止，将迎来秋高气爽的初秋。

处暑三候： 一候鹰乃祭鸟；二候天地始肃；三候禾乃登。

古人的处暑，是这样吃的

吃"处暑鸭"

古人认为，农历七月中旬的鸭子最为肥美，而且鸭肉有滋阴养胃、健脾补虚的功效。因此民间多地都有吃"处暑鸭"的习俗，以寄托无病无灾，家庭幸福的美好愿望。江苏地区还有"处暑送鸭，无病各家"的说法。

处暑节气开始，天气变凉，人们容易出现皮肤干燥、口干舌燥、大便干结等秋燥表现，此时既要将夏季积存的湿气排出体外，又要防止秋燥之气侵入身体，而吃鸭肉就可以清热、润燥、祛湿。

白切鸭： 白切鸭是广东等地的名菜，这种吃法很清淡，能补中养胃、滋阴润肺。

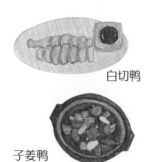

白切鸭

子姜鸭： 子姜鸭是四川等地的吃法，子姜鲜嫩，有杀菌的作用，与鸭肉搭配，味道鲜美、营养丰富。

子姜鸭

百合鸭： 百合鸭是北京等地的吃法，以鸭肉、百合为主料，加入陈皮、菊花、枸杞子等，能去除体内的燥邪、湿气。

百合鸭

多吃清热润燥的食物以防秋燥

处暑时节应防秋燥，可以用饮食来调理口唇干裂、皮肤干燥、便秘等秋燥症状。可适当多吃些清热润燥的蔬果，如山药、莲藕、银耳、黄瓜、冬瓜、百合、梨等。

辛味入肺，此时应少吃花椒、辣椒、姜、葱、蒜、韭菜、茴香等辛热食物，以免加重秋燥症状。

平补、润补相结合

秋季人体精气开始封藏，进食补品易吸收藏纳，是最佳的进补季节。秋季应注意平补兼润补以达到养肺润燥的目的。可适当多吃鲈鱼、莲子、山药、小米、甘蔗、薏米、莲藕等食物，忌食生冷及辛辣食物。

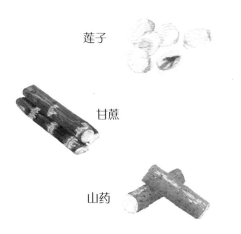

莲子

甘蔗

山药

杨力教授养生小课堂

缓解秋乏，
来碗莲藕老鸭汤

进入初秋，人体在夏季过度消耗的能量及胃肠功能减弱等会显现出来，进而表现为秋乏。莲藕老鸭汤可滋阴清热，补肾健骨，缓解秋乏。取老鸭 1 只，莲藕300 克，水发木耳 30 克，姜片5 克，料酒 8 克，盐适量。老鸭治净，切块，将鸭块放入砂锅中，加姜片、料酒及适量水，大火煮沸，转小火炖至八成熟，放藕块、木耳煮熟，加盐调味即可。

梨

梨性凉，味甘、微酸，有消痰降火、生津润燥的功效。秋天干燥，人易受燥热之邪，此时吃梨可清心润燥。

健康吃法：生食、熬粥、做汤羹。

茭白

茭白被称为"水中人参"，与莼菜、鲈鱼并称为江南"三大名菜"，有清热解毒、利尿消肿、补虚健体的功效。

健康吃法：炒食。

百合

百合有润肺止咳、清心除烦的功效，可用于阴虚燥咳、失眠多梦等症。

健康吃法：熬粥、做汤羹。

处暑推荐食材

银耳

处暑时节天气渐渐干燥，银耳味甘，性平，有滋阴润肺、益胃生津的功效，可用于肺热咳嗽、虚劳咳嗽、久咳喉痒、虚热口渴等症。

健康吃法：做汤羹。

鲈鱼

秋季的鲈鱼最为肥美，滋阴效果佳，能帮助缓解秋燥。且鲈鱼能滋补肝肾之阴，可为冬季补养肝肾做准备。

健康吃法：清蒸、红烧、炖汤。

秋葵

秋季是秋葵成熟的季节。处暑时节阳气渐收而暑湿并未消退，人们很容易感到疲乏，经常食用秋葵可补充体力、缓解疲劳。而且可用于咽喉肿痛等症。

健康吃法：炒食、凉拌。

薏米雪梨粥

材料 薏米、大米各100克，雪梨200克。

调料 蜂蜜适量。

做法

1 薏米淘洗干净，浸泡4小时；大米淘洗干净，浸泡30分钟；雪梨洗净，去皮和蒂，除核，切丁。

2 锅置火上，加薏米、大米和适量清水，大火煮沸，转小火煮至米粒熟烂后，放入雪梨丁煮沸，加蜂蜜搅匀即可。

功效 雪梨可以清热润肺、止咳；蜂蜜能润肺止咳。二者搭配薏米煮粥，不仅有养阴生津的功效，而且止咳的效果更佳。

滋阴润肺

《本草纲目》载梨：『润肺凉心，消痰降火，解疮毒、酒毒。』

脾胃虚寒的人能吃梨吗

《本草通玄》载梨："生者清六腑之热，熟者滋五脏之阴。"生梨能帮助缓解燥热，对于缓解秋季流行的呼吸道疾病造成的咽喉干痛、干咳、口渴等有益。但对于脾胃虚寒的人来说，生吃梨可能会引起肠胃不适，可将梨炖煮成汤或者隔水蒸熟后食用，但要注意避免多食。

健脾胃

清蒸鲈鱼

材料 鲈鱼500克，柿子椒、红彩椒各50克。

调料 葱丝、姜丝各10克，蒸鱼豉油8克，料酒少许。

做法

1 鲈鱼治净，在鱼身两面各划几刀，用料酒涂抹鱼身，划刀处夹上葱丝，鱼肚子里塞上姜丝，腌20分钟。柿子椒和红彩椒洗净，去蒂及子，切丝。

2 鱼身上铺剩余葱丝、姜丝，上锅蒸15分钟至熟；倒出盘子内蒸鱼汤汁，淋上蒸鱼豉油，摆上柿子椒丝、红彩椒丝。

3 锅内烧油，油热后淋在鱼身上即可。

清热补虚

芦笋炒茭白

材料 茭白250克，芦笋150克。

调料 盐2克，姜丝5克。

做法

1 芦笋洗净，削去根部老硬的外皮，切段；茭白剥去外皮，洗净后切成条。

2 锅内倒油烧热，放入姜丝爆香，下入茭白条、芦笋段快速翻炒，加盐调味即可。

功效 茭白能补虚强身，促进肠道蠕动；芦笋清热利水。二者搭配炒食有利于强健身体，可预防秋季感冒。

养阴
润燥

雪梨银耳百合粥

材料 雪梨 200 克，大米 100 克，红枣
6 枚，干银耳、干百合各 5 克。

调料 冰糖 5 克。

做法

1 干银耳泡发，洗净，去蒂，撕小朵；
雪梨洗净，连皮切块；大米洗净，用
水浸泡 30 分钟；红枣洗净，去核；
干百合洗净，泡软。

2 锅内加适量清水烧开，加入大米、
银耳、红枣，大火煮开转小火煮 30
分钟，加入雪梨块、百合煮 10 分钟，
加冰糖煮至其化开即可。

功效 在秋季喝雪梨银耳百合粥能滋
阴生津、润肺止咳，预防和调理秋燥
引起的咳嗽、口干舌燥等。

清肺热

秋葵鲜虾粥

材料 大米、秋葵各 100 克，鲜虾 80 克。

调料 盐适量。

做法

1 秋葵洗净，切片；鲜虾去头，去壳和
虾线，洗净；大米洗净，用水浸泡
30 分钟。

2 锅内倒适量水烧开，放入大米煮 30
分钟，加入鲜虾稍煮，放秋葵片煮 5
分钟，加盐调味即可。

功效 秋葵能清肺热、缓解疲劳。秋
葵分泌的黏蛋白可促进胃肠蠕动，帮
助消化，改善消化不良。搭配虾做成
粥味道鲜美，很适合处暑时节食用。

＼ 烹饪妙招 ／

鲜虾最好去除虾线，否则会有腥味。
去除时用刀轻轻划开虾背取出虾线，
也可用牙签直接从虾尾将虾线抽出。

生脉饮

生脉饮由人参、麦冬（即麦门冬）、五味子三味药组成，有益气保肺、养阴生津的功效。本方可以使气充津生而脉复，所以得此名。处暑时节将味道酸酸的生脉饮代茶喝，能够缓解体倦乏力、口渴咽干、汗多神疲、干咳少痰等症。

材料　太子参15克，麦冬10克，五味子5克。

做法　所有材料一起放入杯中，冲入沸水，然后盖上盖子闷泡约10分钟即可。

功效　太子参可以补益脾肺、益气生津，进补元气；麦冬养阴清热，调和人参的药性；五味子可收敛心气，辅助人参稳固元气，又能配合麦冬收敛阴气。三者搭配适合作为处暑时节的小补茶。

注　五味子适用于久咳虚喘、津伤口渴、内热消渴、自汗盗汗、心悸失眠等症。凡表邪未解，内有实热，咳嗽初起，麻疹初期，均不宜用五味子。

补气
养阴

《内外伤辨惑论》载：「故以人参之甘补气，麦门冬苦寒泻热，补水之源，五味子之酸，清肃燥金，名曰生脉散。」

在生脉饮中，人参占主要地位，林下参和太子参的性味都较为温和，调配出的生脉饮更适合日常小补，而红参长期喝易上火，西洋参性偏凉，东洋参则没有补气的功效，因此选用林下参或太子参更为适宜。

白露

养阴润肺，防泻肚

白露：9月7日、8日或9日。

白露气候：白露是秋季的第三个节气。此时昼夜温差开始变大。《月令七十二候集解》载："露凝而白也。"古人认为，露水的凝结是天气日渐寒凉的标志。此时，容易着凉感冒，需要防范呼吸道疾病。

白露三候：一候鸿雁来，二候玄鸟归，三候群鸟养羞。

古人的白露，是这样吃的

中秋遇白露，吃月饼、喝桂花酒

白露期间正逢中秋佳节，古往今来，人们把中秋节吃月饼当作吉祥、团圆的象征。苏东坡在《月饼》一诗中写道："小饼如嚼月，中有酥和饴。"可见月饼自古就是人们青睐的中秋佳节美食。

除了吃月饼，中秋节正是丹桂飘香的时候，人们会把提前酿制的桂花酒一同摆上桌，一边赏月、一边吃月饼、品酒，象征着家庭甜甜蜜蜜、团团圆圆。

南北方月饼各有特色： 南北方月饼在馅料、口味和制作工艺等方面存在明显差异。南方月饼馅料油腻湿润、口味有甜有咸，而北方馅料较为干爽，口味偏甜。制作工艺上，南方月饼以酥皮为主；北方月饼则以硬皮为主。现在全国各地的月饼形成了不同类型的品种，有京式、苏式、广式、潮式、滇式等，馅料种类繁多，甜、咸、荤、素各有特点，色香味俱全。

喝白露茶，抚秋燥、润脾肺

白露茶是白露时节采摘的茶叶，又称"秋茶"。此时的茶树经过了一个夏天，进入生长加速期，加上露水的滋润，有一种独特的清香味，深受茶客喜爱。白露茶具有润肤除燥、生津润肺、清热凉血的作用。

白露茶

杨力教授养生小课堂

**秋季腹泻，
喝石榴皮茶效果好**

白露时节，白天气温仍较高，但晚上气温较低，容易受凉，引发腹泻、痢疾等症，可喝石榴皮茶缓解。取石榴皮 15 克，石榴皮洗净，切成小块，放入杯中，倒入沸水，盖上盖子闷泡约 10 分钟后即可饮用。石榴皮含有苹果酸、鞣酸等，有收敛作用，能涩肠，有效调理腹泻、痢疾等症。

玉米

玉米是秋季的应季食物，因其营养丰富而被称为"黄金作物"。玉米具有养肺宁心、调中健脾、利尿消肿的功效。玉米含有黄体素、玉米黄质等，对眼睛有益，可延缓眼睛老化。

健康吃法： 蒸煮、炒食。

核桃

核桃自古以来就有"万岁子""长寿果"之称，有健脑补脑的功效。秋天多食核桃能固精强腰、温肺定喘、润肠通便。

健康吃法： 生食、榨浆。

红薯

秋季天气干燥，适合吃些润燥且甘味的食物。红薯味甘，性平，具有补中和血、滋补肾阴、健脾益胃、宽肠通便的功效。

健康吃法： 蒸食、煮食。

**白露
推荐食材**

南瓜

南瓜属甘味食物，能补中益气，适用于脾虚气弱者。

健康吃法： 煮食、炖食。

橘子

橘子可谓全身都是宝，鲜橘皮疏肝破气、消积化滞；陈皮可理气调中、燥湿化痰；橘络中的维生素 P 能保持血管正常弹性，减少血管壁的脆性和渗透性；橘核有软坚散结、理气止痛的功效。

健康吃法： 生食、煮食、榨汁。

杨力教授养生小课堂

花椒粥调理腹痛

白露时节早晚温差大，如果再不注意饮食，容易引起腹痛，此时可以喝花椒粥调理。取花椒5克，茯苓10克，大米50克。所有材料洗净，浸泡30分钟。将花椒水煎10分钟后取汁。锅中放入适量清水，烧开后将大米、茯苓放入锅中熬煮，粥快熟时，加入花椒汁略煮即可。

补中益气

南瓜鲜虾藜麦沙拉

材料 藜麦5克，虾仁、南瓜、生菜各100克。

调料 盐、橄榄油、黑胡椒碎、醋各适量。

做法

1 藜麦洗净，浸泡4小时，煮熟，捞出沥干；南瓜去皮、去瓤，洗净，切成厚片；生菜洗净，撕大片；虾仁洗净，焯熟。

2 将处理好的藜麦、虾仁、南瓜片、生菜放入盘中，加盐、橄榄油、黑胡椒碎、醋拌匀即可。

润肺健脾

松仁玉米

材料 玉米粒300克，熟松子仁50克，柿子椒、红彩椒各20克。

调料 盐2克。

做法

1 柿子椒、红彩椒分别洗净，去蒂和子，切成小丁；玉米粒放入沸水中煮至八成熟，捞出沥干水分。

2 锅内倒油烧热，下柿子椒丁、红彩椒丁、玉米粒炒熟，放入松子仁炒匀，加盐调味即可。

猕猴桃橘子汁

润肺
化痰

材料 猕猴桃、橘子各150克。

调料 蜂蜜适量。

做法

1 猕猴桃、橘子均去皮，切小块。

2 所有材料放入榨汁机，加入适量饮用水搅打均匀，调入蜂蜜即可。

功效 橘子有生津止渴、润肺化痰的功效；猕猴桃有清热生津、排毒清肠的功效。

白露粥

补肺
止咳

材料 银杏果7颗，鲜莲子15克，陈皮5克，糯米100克。

做法

1 银杏果去果衣、除心，在沸水里焯5分钟，去除其苦涩味；糯米提前用冷水浸泡1小时。

2 锅内倒适量清水烧开，放入银杏果煮30分钟，放入莲子、陈皮、糯米，煮至粥软烂即可。

功效 银杏果有补肺气、止咳嗽的作用；陈皮有温和理气的作用；莲子补脾、补肺气，几款食材搭配做成粥，味道香糯，适合秋季食用。

健脾益胃

红薯粥

材料 大米150克，红薯75克。

做法

1 大米淘洗干净，加水浸泡30分钟；红薯洗净，去皮切小丁。

2 锅置火上，倒入清水煮沸，加大米大火煮沸，放入红薯丁煮开，转至小火熬煮20分钟即可。

润肺止咳

竹荪金针菇汤

材料 干木耳、干竹荪各5克，金针菇50克，排骨100克。

调料 盐适量。

做法

1 排骨洗净，切小块，焯烫，捞出；干木耳泡发，洗净，撕成小朵；干竹荪泡发，沥干，切小段；金针菇洗净，切段。

2 锅内加适量清水烧开，放入排骨转小火熬煮1小时，加金针菇、竹荪、木耳煮熟，加盐调味即可。

功效 秋季养生重在养肺，竹荪具有补气养阴、润肺止咳、清热利湿的功效。

秋分

滋阴润燥，防过敏、防胃病

秋分： 9 月 22 日、23 日或 24 日。

秋分气候： 秋分是秋季的第四个节气。秋分有两层含义，一是日夜时间均等，之后逐步日短夜长；二是气候由热转凉，昼夜温差逐渐增大。此时，大部分地区迎来棉花吐絮、五谷成熟的时节。

秋分三候： 一候雷始收声，二候蛰虫坯户，三候水始涸。

古人的秋分，是这样吃的

吃秋菜，止泻效果好

《学圃录》载："苋类甚多，常有者白、紫、赤三种。白者除寒热，紫者治气痢，赤者治血痢，并利大小肠，治痢初起为宜。"

"秋分吃秋菜"是岭南地区的传统习俗，"秋菜"指一种野苋菜，无论是炒着吃、凉拌吃，还是做成包子，味道都很不错。苋菜性微寒，可清热解毒、通利二便。

秋分时节天气变化大时，人们易发腹泻，用秋菜煮粥食用，有助于止泻、调理肠胃。

多吃滋润生津的食物

秋季养生要遵从润燥、补肺、养阴、多酸的原则。酸味能收敛肺气、润肺防燥。秋季饮食建议以滋阴润肺的食物为主，适当多吃梨、芝麻、百合、银耳、枇杷、山药、芋头、莲藕；多食如山楂、石榴、葡萄等酸味水果以收敛肺气。

健脾养胃的食物不可少

一到秋季人们就容易产生"悲秋"的抑郁情绪，思虑过多易伤脾，出现食欲不振、食而无味。所以，此时应适当调整心情，多吃一些健脾胃、调理气血的食物，如小米、糯米、山药、南瓜、姜、红枣、花生等。

杨力教授养生小课堂

秋季过敏性鼻炎
喝碗辛夷花煲鸡蛋

易过敏人群在换季时或接触花粉、尘螨等过敏原后，容易诱发过敏性鼻炎，出现鼻塞、鼻痒、流涕等症状。调理过敏性鼻炎，推荐喝碗辛夷花煲鸡蛋。取辛夷花10克，鸡蛋2个。将辛夷花装入干净纱布袋中，放入锅中，加清水两碗，煎取一碗。将整个鸡蛋打入沸水中煮成荷包蛋。锅置火上，倒入煎好的药汁煮沸，放入荷包蛋同煮片刻，加盐调味即可。建议连喝3天，还可以闻汤热气以缓解鼻塞。

杨力教授养生小课堂

慢性胃炎
喝山楂麦芽茶效果好

秋季是慢性胃炎多发与复发季节，此时由于气温变凉，胃肠道对寒冷比较敏感，如果生活上不注意，就可能引发反酸、腹胀、腹痛、胃病加重等情况。山楂麦芽茶可消食化滞，适用于慢性胃炎所致的脘腹胀闷、嗳腐吞酸、呕吐泄泻等的调理。取山楂、生麦芽各10克，放入杯中，倒入开水，加盖焖泡10分钟即可。

山楂

麦芽

螃蟹

秋蟹最为肥美，素有"蟹肉上席百味淡"之誉。螃蟹有清热散结、强壮筋骨、补益肝肾的功效。螃蟹性寒，宜蘸食醋、姜末调味，配以黄酒一同食用，味道更好。

健康吃法：蒸食、炒食。

芋头

中秋前后正是芋头上市的季节，此时的芋头口感绵软、营养好。芋头可化痰散结、益胃健脾、消肿止痛。

健康吃法：蒸食、炒食。

秋分
推荐食材

莲藕

民间俗语有"荷莲一身宝，秋藕最补人"的说法。秋天正是鲜藕上市的季节，此时天气干燥，吃藕能起到滋阴清热、润燥止渴、健脾开胃的作用。

健康吃法：煮食、炒食。

石榴

秋季常见腹泻、痢疾等胃肠道疾病。石榴味甘、酸、涩，可生津止渴、收敛固涩、止泻止血，适用于腹泻、痢疾等症。

健康吃法：生食、榨汁。

（补益肝肾）

清蒸蟹

材料 螃蟹 400 克。

调料 姜末 30 克，醋 20 克。

做法

1 螃蟹洗净，备用。

2 姜末和醋调成姜醋汁。

3 蒸锅置火上，加清水烧沸，将螃蟹放入锅中，大火蒸 8 分钟，关火后再闷 5 分钟取出，食用时蘸姜醋汁即可。

（增强体质）

番茄炖牛腩

材料 牛腩 300 克，番茄 200 克。

调料 葱花、姜片各 8 克，桂皮、大料各 3 克，料酒 10 克，盐适量。

做法

1 牛腩洗净，切大块，用沸水焯一下；番茄洗净，切块。

2 锅中油热后，爆香葱花、姜片、桂皮、大料，加入牛腩块翻炒，加入料酒、适量清水，大火烧开。

3 转小火炖 3 小时，将番茄块放入锅内，加盐调味，炖至牛腩块入味，撒上葱花即可。

功效 这道菜有暖胃、增强体质、提高抗病力的作用。

芋头粥

益胃
健脾

材料 大米、芋头各 100 克。

调料 白糖适量。

做法

1. 芋头洗净，去皮，切小块；大米淘洗干净，浸泡 30 分钟。

2. 锅置火上，加入适量水、芋头和大米同煮成粥，加白糖调味即可。

莲藕排骨汤

滋阴
润燥

材料 猪排骨 250 克，莲藕 200 克。

调料 姜片、白胡椒粉、盐各适量。

做法

1. 猪排骨洗净，剁成块；莲藕洗净，去皮，切片。

2. 锅内倒入水，放入姜片、猪排骨、藕块，煮沸后转小火煮 2 小时，加盐调味，撒上白胡椒粉即可。

功效 秋季正是莲藕上市的季节，搭配排骨，能起到滋阴清热、润燥止渴的作用。

滋阴
润肺

鲜藕百合枇杷粥

材料 莲藕50克,鲜百合、枇杷各30克,小米100克。

做法

1 小米洗净;鲜百合剥开、洗净;莲藕洗净后去皮,切块;枇杷洗净,去皮除核。

2 锅内加适量清水烧开,加入莲藕块和小米,大火煮开后转小火煮30分钟,加入百合、枇杷煮开后转小火,煮至粥黏稠即可。

功效 秋天燥邪当令,易伤肺。百合能补中润肺、镇静止咳;枇杷可润燥清肺;莲藕可滋阴。此粥能润肺,对肺燥津伤导致的咳嗽有一定食疗作用。

止咳
散寒

杏苏茶

材料 杏仁、紫苏叶各5克,甘草3克。

做法

1 将新鲜的紫苏叶清洗干净。

2 锅中水烧开,倒入杏仁和紫苏,煮4分钟左右。

3 加入甘草,煮1分钟即可。

功效 杏仁入肺经,有止咳、润肠通便的作用;紫苏叶有发散的作用,能疏散寒邪;甘草具有补脾益气、清热解毒、祛痰止咳、调和诸药的作用。秋分天气轻微凉燥,杏苏茶口感温和,能调理凉燥咳嗽,适合当作日常茶饮。

寒露

养阴生津，补脾健胃

寒露：10月7日、8日或9日。

寒露气候：寒露时节，气温比白露时节更低，地面的露水快要凝结成霜了。寒露是二十四节气中第一个带"寒"字的节气，标志着天气由凉爽转向寒冷，而且湿度也开始下降。

寒露三候：一候鸿雁来宾；二候雀入大水为蛤；三候菊有黄华。

古人的寒露，是这样吃的

重阳遇寒露，吃重阳糕、饮菊花酒

> 独在异乡为异客，每逢佳节倍思亲。遥知兄弟登高处，遍插茱萸少一人。
>
> ——王维《九月九日忆山东兄弟》

寒露节气期间，会迎来传统节日——重阳节，即农历的九月初九，也称"老人节"。这一天有登高的习俗，所以也称"登高节"。重阳节这天，全家会一起赏秋、登高、赏菊花，还会吃重阳糕、饮菊花酒。

吃重阳糕：重阳糕源自重阳节登高的习俗，以吃重阳糕代替登高，有避祸、保平安的寓意。

重阳糕

饮菊花酒：菊花酒是用菊花、糯米、酒曲酿制而成的，古人认为菊花酒有养肝明目、延年益寿的功效。很多老年人有重阳节饮菊花酒的习惯。重阳节秋高气爽，与亲朋好友烫一小壶菊花酒，品酒赏菊，也是雅事一桩。

菊花酒

食"金饭"，清热败火

《山家清供》载："采紫茎黄色正菊英，以甘草汤和盐少许焯过，候粟饭少熟，投之同煮。久食可以明目延龄……"

古人爱菊赏菊，也会食菊、品菊。南宋林洪撰写的《山家清供》记载了用菊花做的"金饭"，即采紫茎黄色的菊花花朵，用甘草汤加少许盐焯下菊花，捞出与将熟的米饭同煮。用菊花做的"金饭"清香扑鼻，有明目延寿的作用。在寒露时节吃金饭有助于缓解秋燥。

多食滋阴润燥的食物

秋季干燥，会耗散精气、津液，在饮食上宜多吃些山药、鸡肉、芝麻、核桃、银耳、莲藕、香菇、冬瓜、柚子、梨等滋阴润燥、益胃生津的食物。同时，室内要保持一定的湿度，注意补充水分，保持饮食清淡。不吃或少吃辛辣或烧烤类的食物，避免加重秋燥对人体的影响。

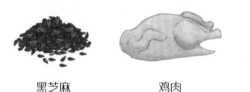

黑芝麻　　　　鸡肉　　　　　柚子　　　梨

甘蔗

甘蔗味甘，性寒，有清热解毒、生津止渴、润肺止咳、健脾和胃的功效。甘蔗生吃能泻火，熟吃可益脾胃、润心肺。

健康吃法： 生食、煮粥。

柚子

秋季宜食酸，柚子酸甜可口，有理气化痰、润肺清肠、补血健脾的功效。柚子果皮、柚花皆可入药。柚子水分多，热量低，可有效缓解秋燥。

健康吃法： 生食、榨汁、制茶。

茄子

中医认为性凉清热之品能纠正燥热之气，茄子性凉，寒露时节吃茄子可以降火气，预防秋燥或减轻秋燥症状。

健康吃法： 清蒸、炒食。

寒露推荐食材

鸡肉

鸡肉味甘，性温，吃后不易上火，还能补虚益气、强筋健骨，有助于缓解秋乏。

健康吃法： 炒食、煲汤。

胡萝卜

胡萝卜有补益作用，能调节免疫力，减少秋季易发的呼吸道感染所致的咳嗽、咳痰等。

健康吃法： 炒食、凉拌。

山药

《本草纲目》载山药："益肾气，健脾胃，止泻痢，化痰涎，润皮毛。"山药是药食同源的食材。寒露时节吃山药，可以养护脾胃、滋肾益精、润肺止咳、缓解秋燥。

健康吃法： 做汤羹、炒食、蒸煮。

蔗浆粥

《老老恒言》记载的蔗浆粥，是用新鲜甘蔗榨为汁，加入粥中。此粥味道清甜，清热润燥。

材料　甘蔗 500 克，大米 50 克。

做法

1 甘蔗去皮洗净，切段，榨汁；大米洗净，用清水浸泡 30 分钟。

2 锅内倒入适量清水，大火烧开后放入大米煮成粥，加入甘蔗汁即可。

功效　这款粥可滋阴生津、润燥止渴，适用于阴津不足所致的心烦口渴、肺燥干咳、食欲不振、反胃呕吐、大便燥结等症。

《老老恒言》载蔗浆粥：「治咳嗽虚热，口干舌燥……兼助脾气，利大小肠，除烦热，解酒毒。」

生津
润燥

青皮甘蔗、紫皮甘蔗有不同：甘蔗分为青皮甘蔗和紫皮甘蔗，《老老恒言》载甘蔗："有青紫二种，青者胜。"所以做蔗浆粥，用青皮甘蔗功效更好。甘蔗性偏寒，肺胃热盛，如鼻孔呼气热、喉咙冒火等者，宜多吃甘蔗，脾胃虚寒者应尽量少吃。

缓解
秋燥

清蒸茄子

材料 茄子 400 克。

调料 生抽、蒜末各 3 克，香油、盐
各适量。

做法

1 茄子洗净，去蒂，装入盘中，放在蒸
锅里蒸 15～20 分钟至熟。

2 将蒸熟的茄子取出，倒掉多余的
汤汁。

3 用筷子戳散或者用手撕成细条，加
入生抽、蒜末、香油、盐拌匀即可。

功效 茄子清蒸味道清香、口感细嫩，
而且蒸制简单，营养损失少。这道菜
能清热止血、祛风通络、宽肠利气，
有助于缓解秋燥。

胡萝卜炒肉丝

健脾
强身

材料 胡萝卜 180 克，猪瘦肉 120 克。

调料 葱丝、姜丝各 4 克，盐、生抽
各适量。

做法

1 胡萝卜洗净，去皮切丝；猪瘦肉洗净，
切丝，用生抽腌 5 分钟。

2 锅内倒油烧热，用葱丝、姜丝炝锅，
下入肉丝翻炒至变色，放入胡萝卜
丝煸炒，加适量水稍焖至熟，加盐
调味即可。

功效 秋天多吃胡萝卜能健脾化滞、
下气补中，猪肉能养血润燥、益气，
二者搭配食用能健脾强身，帮助缓解
秋季消化不良、便秘等症。

田园炖鸡

材料 整鸡1只,玉米块200克,土豆块150克,洋葱块50克,柿子椒、红彩椒各30克,苦菊少许。

调料 盐2克,料酒、葱末、姜末、蒜末、酱油各适量。

做法

1 整鸡处理干净,切块,焯水,捞出;柿子椒、红彩椒洗净,去蒂除子,切块;苦菊洗净,沥干水分备用。

2 锅内倒油烧热,放入葱末、姜末、蒜末煸香,倒入鸡块、料酒、酱油翻炒。

3 电炖锅内加入适量开水,放入炒好的鸡块,再加入玉米块、土豆块炖熟后,放入洋葱块、柿子椒块、红彩椒块稍炖,加盐调味,用苦菊装饰即可。

冰糖山药汤

材料 山药250克。

调料 冰糖适量。

做法

1 山药洗净,去皮,切小块。

2 锅内倒入适量水,烧沸后放入山药块,待煮至六成熟时,放入冰糖,煮至山药软糯,汤汁浓稠即可。

功效 山药有健脾益肺的功效;冰糖可以润肺止咳。这道汤不仅清甜美味,还有补益生津的功效,有助于缓解秋燥。

麦香果茶

趁着寒露可以把体内的积食、湿热、瘀血清一清，减轻脾胃负担，以便为秋冬的进补做准备。此时推荐喝健脾消积的麦香果茶。

材料 山楂6克，麦芽10克，陈皮5克。

做法

1 所有材料洗净，一起放入杯中。

2 倒入开水，加盖泡30分钟后即可饮用。

功效 山楂消食化积，活血化瘀；麦芽消食理气；陈皮理气健脾。此款茶味酸，微甘，散发着淡淡的麦香，能帮助清湿热，健脾胃。

化积健脾

麦芽

麦芽是大麦成熟果实经过发芽、干燥而成的谷物。《本草纲目》载麦芽："消化一切米、面、诸果食积。"麦芽有助于消化米、面条、红薯等淀粉类食物，还可以疏肝理气。

陈皮

陈皮在生活中很常见，如喝茶、煮粥、煲汤的时候都能用到。《神农本草经》载陈皮为橘柚："橘柚，味辛温，主胸中瘕热逆其气，利水谷。久服，去臭、下气、通神。"陈皮有理气健脾、燥湿化痰的功效，可用于缓解脾虚湿重、腹泻、咳嗽痰多、消化不良、食欲不振等症。

山楂

山楂为寒露时令鲜果，可以消食化滞。不过由于南北方山楂成熟时间不同，如买不到鲜果，可选用干山楂。

柚子茶

材料　柚子1个，蜂蜜250克。

调料　冰糖适量。

做法

1 将柚子剥开，取出果肉备用；用刀削去柚子的黄色外皮。

2 将切好的柚子黄色外皮，用盐反复用力揉搓，去除苦味，再用清水多次冲洗。

3 将洗好的柚皮放入锅中，倒入适量清水，大火烧沸后改用小火煮10分钟，捞出沥干，切成细丝。

4 将柚子肉放入搅拌机中搅拌成果泥，把柚皮丝和果肉泥一起放入锅中，加适量清水和冰糖，用中小火熬1～2小时，熬至黏稠、柚皮金黄透亮后关火，待汤温热时加入蜂蜜，搅拌均匀即可。

功效　柚子肉有健胃化食、下气消痰的作用；柚皮有杀菌消炎、美容养颜、止咳化痰的功效；蜂蜜既可调节柚子皮的苦味，又能润燥排毒。这道茶饮味道酸酸甜甜，寒露时节来一杯润燥养阴，心情舒畅。

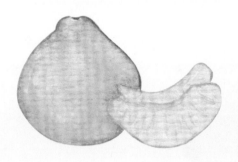

一个柚子三个宝

柚子是寒露时节的应季水果。柚子全身都是宝，柚皮、柚核、柚叶都有其各自的功效。

柚皮味辛、甘、苦，性温，具有宽中理气，消食化痰，止咳平喘的功效。

吃完柚子肉，可以把柚皮留下来做菜或者做成柚子茶。

柚核味苦，性温、平，有疏肝理气、宣肺止咳的功效。用柚核治疗寒咳，取柚核20余颗，加冰糖适量，煎服。每日2～3次。

柚叶味辛、苦，性温，有行气止痛，解毒消肿的功效。同葱白捣碎，贴太阳穴，有助于缓解头痛。

润燥
化痰

霜降

适宜进补，做好防寒

霜降：10 月 23 日或 24 日。

霜降气候：霜降是秋季的最后一个节气，也意味着冬天即将来到。此时气温进一步降低，露水凝结成霜。

霜降三候：一候豺乃祭兽；二候草木黄落；三候蛰虫咸俯。

古人的霜降，是这样吃的

少食辛，多食酸

民间有"补冬不如补霜降"的说法，霜降时节宜少吃辛味食物，如葱、姜、蒜、韭菜、辣椒等，肺气太盛易损伤肝的功能，宜多吃一些酸味食物，如石榴、葡萄、柿子、苹果、杨桃、柚子、柠檬、山楂等。

"霜降的萝卜赛人参"

萝卜是秋冬季节的良蔬，能增进食欲、帮助消化，被称作"小人参"。萝卜种类很多，有白萝卜、心里美萝卜、圆白萝卜、樱桃萝卜等，而且各个部位的吃法也不同。

白萝卜
助消化

心里美
富含花青素，
有助于抗衰
老、控血压

圆白萝卜
汁水多、脆甜，
富含维生素

樱桃萝卜
止咳化痰、除
燥生津

白萝卜各个部位怎么吃

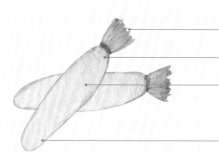

萝卜缨：适合腌着吃

顶部：不辣，水分含量少

中部：甜脆，口感最好

皮：可以腌制或凉拌

尾部：最辣的部位，适合炒制或腌制

霜降吃柿子，养肺润燥

霜降节气容易引发一些肺部、上呼吸道疾病，如咳嗽、流鼻涕。鼻为肺之外窍，而柿子既有生津润燥、养肺的作用，又可通顺肺气，所以民间也就有了"霜降吃柿子，不会流鼻涕"的说法。

柿子：不要吃未成熟的柿子及柿子皮。

柿饼：柿饼是由柿子经过风干后制成的，其外层的白色物质是柿霜，由新鲜柿子中的果糖随着水分蒸发析出而成。

柿子

柿饼

牛肉

霜降时节气温骤降，吃牛肉可以暖脾胃、滋补强体、补中益气、强筋健骨、增强人体抗病力。

健康吃法：炖食、炒食。

土豆

土豆既可作蔬菜又可作主食，有益气健脾、调中和胃的功效。脾为肺之母，脾胃功能强健了，自然对肺气有益。

健康吃法：炖食、炒食、凉拌。

苹果

霜降前后苹果上市，这时的苹果水分更充足，口感更香脆。苹果性凉，味甘、酸，能生津止渴、清热除烦。而且苹果含有的有机酸和膳食纤维可促进肠道蠕动，宽肠通便。

健康吃法：生食、煮食、榨汁。

霜降推荐食材

柿子

霜降时节柿子皮薄多汁，有清热润肺、生津止渴的功效，而且柿子中含有的有机酸等有助于增进食欲。

健康吃法：生食、煮粥。

杨力教授养生小课堂

深秋时节皮肤干燥，
白萝卜叶茶可缓解

霜降时节，气候干燥，多风少雨，加上皮肤水分含量和保水能力都下降了，人易感觉皮肤干燥。白萝卜叶中富含维生素 C，能缓解皮肤干燥粗糙，抵抗皮肤氧化。取 30 克洗净、晒干的白萝卜叶放入 1 升水中煮沸，煮 5 分钟即可饮用。

白萝卜

白萝卜味辛、甘，性凉，霜打的萝卜味道更清甘，鲜美。白萝卜入肺、胃经，有顺气宽中、清热化痰的功效，很适合此时食用。

健康吃法：凉拌、炒食、煲汤。

葱油萝卜丝

吃萝卜能祛燥化痰、平喘顺气、健脾消食。在深秋时节，推荐一道用葱油凉拌的萝卜丝，用清凉爽口的萝卜丝来润喉咙、静心气、健脾胃。

材料　白萝卜 300 克，大葱 20 克。

调料　盐、葱花各适量。

做法

1 白萝卜洗净，去皮，切丝，用盐腌片刻，沥水，挤干；大葱洗净，切丝。

2 锅中倒油烧热，下葱丝炸出香味，浇在萝卜丝上拌匀，撒上葱花即可。

功效　这道菜有下气宽中、清热生津、消积化滞等功效。

熟食甘似芋，生荐脆如梨。

老病消凝滞，奇功直品题。

——《上京十咏·芦菔》

消积
化滞

135

土豆炖牛肉

俗话说："一年补透透，不如补霜降"。霜降时节，天气转冷，特别适合吃暖乎乎的土豆炖牛肉。

材料 土豆 300 克，牛肉 200 克。

调料 酱油、葱花、姜末、盐、香菜段各适量。

做法

1 土豆去皮，洗净，切块；牛肉去净筋膜，洗净，切块，放入水中焯去血水。

2 锅内倒油烧热，下葱花和姜末炒香，放入牛肉块炒至半熟。

3 倒入土豆块翻炒均匀，加适量清水煮至其熟透，用酱油、盐调味，撒上香菜段即可。

功效 土豆可以健脾和胃；牛肉富含蛋白质，能补中益气、强筋健骨。二者搭配炖食能健脾胃，提高身体抗病力。

杨力教授养生小课堂

杏仁粥润燥止咳

霜降是秋冬的过渡期，此时昼夜温差大，秋燥更盛，易引发肺部疾病，如咳嗽。喝杏仁粥可止咳平喘。取薏米 50 克，甜杏仁 10 克，冰糖适量。将甜杏仁洗净去皮；薏米淘洗干净，浸泡 2 小时。锅中加入适量清水大火煮开，加入薏米、甜杏仁，转小火煮至粥熟，加入冰糖煮化即可。

健脾
和胃

柿饼粥

材料　柿饼 50 克，大米 100 克。

调料　冰糖 5 克。

做法

1 柿饼洗净，切成丁；大米洗净，清水浸泡 30 分钟。

2 锅中加水烧开，放入大米、柿饼丁，大火烧沸，改用小火熬煮成粥，加冰糖至化开即可。

功效　柿饼粥有润肺、健脾、涩肠、止血的功效，可帮助调理燥热咳嗽、脾虚食少、腹泻等症。

一个柿子四味药

柿子：取鲜柿 250 克，捣碎取汁，开水冲服，可调理胃热伤阴所致的烦渴口干。

柿饼：取柿饼 60 克，挖开装入川贝 9 克蒸熟服用，可调理干咳。

柿霜：用小棉签蘸点柿霜抹在口腔里溃疡的地方，可缓解疼痛，减少烧灼感。

柿蒂：取柿蒂 5 个，生姜 3 片，大料 2 个，用开水泡，代茶饮，可缓解顽固性呃逆。

《老老恒言》载柿饼粥：『治鼻窒不通。按兼健脾涩肠，止血止嗽，疗痔。』

健脾涩肠

玉屏风茶

玉屏风茶改良自宋代医家张松《究原方》中记载的"玉屏风散"，由黄芪、白术、防风三味药材组成，此茶可以益气固表、抵御外邪，很适合霜降时节饮用。

材料 黄芪、白术各2克，防风1克。
做法
1 黄芪、白术、防风洗净，沥干后放入茶壶中。
2 茶壶中倒入沸水，泡20分钟左右即可饮用。
功效 黄芪益气固表，补一身之气；白术健脾扶正，可加强脾胃的运化吸收功能；防风可祛风解表。三味药合用能补气、健脾、扶正祛邪。

益气
固表

黄芪

黄芪擅长补气，金代著名医家张元素《珍珠囊》载："黄芪甘温纯阳，其用有五：补诸虚不足，一也；益元气，二也；壮脾胃，三也；去肌热，四也；排脓止痛，活血生血，内托阴疽，为疮家圣药，五也。"可见黄芪的多种功效。

白术

《本草汇言》载白术："脾虚不健，术能补之；胃虚不纳，术能助之。"白术能健脾益气，滋养脾胃。白术适用于脾气虚弱、食少倦怠、气虚自汗者，阴虚内热、津液亏耗者不宜使用。

防风

防风擅长祛风解表，如屏障一样把身体防护起来，避免外邪侵入，能缓解外感风寒所致的头痛、身痛、发热等。防风适用于感冒、头痛、风疹瘙痒者，阴血亏虚及热盛动风者不宜使用。

食藏

养藏温补，滋补阴精

立冬： 11月7日或8日。

立冬气候： 立冬，表示冬季自此开始，意味着万物进入休养、收藏的状态。气候由少雨干燥向阴雨寒冻过渡。

立冬三候： 一候水始冰；二候地始冻；三候雉入大水为蜃。

古人的立冬，是这样吃的

"立冬补冬，补嘴空"

> 《黄帝内经》载："冬三月，此谓闭藏。……去寒就温，无泄皮肤，使气亟夺，此冬气之应，养藏之道也。"

中医认为冬季养生以敛阴护阳为根本，是养精蓄锐的好时机。俗话说"立冬补冬，补嘴空"，意思就是说立冬要进补。立冬与立春、立夏、立秋合称"四立"，是我国古代社会中的一个重要节日，人们劳作了一年，会利用立冬这天休息，同时犒赏一下自己和家人。

在我国不同地区，由于气候条件、地理环境、生活方式不同，"补冬"也会有所不同。

饺子： 大多数地方立冬会吃饺子，这是因为饺子谐音"交子"，意味着秋冬季节之交。

生葱：南京有谚语"一日半根葱，入冬腿带风"，指立冬后多吃生葱可以抵抗冬季湿寒，减少疾病的发生。

大葱

炒香饭：在潮汕等地，立冬这天会吃炒香饭，其用莲子、香菇、板栗、虾仁、胡萝卜等炒制而成。

羊肉汤：立冬时，不少地方有吃羊肉进补的习俗，将羊肉搭配各种调味料和蔬菜炖制成羊肉汤，可以温胃散寒、补益脾肾。

红豆糯米饭：在江南一些地方，有立冬全家欢聚一堂共吃红豆糯米饭的习俗。红豆糯米饭软糯香甜，而且有暖胃、补中益气的作用。

少寒多温

《饮膳正要》载："冬气寒，宜食黍，以热性治其寒。"

入冬后，天气寒冷，寒为阴邪，易伤阳气，此时可以适当多吃些有温补作用的食物以祛寒补阳。中医认为，冬季很多疾病会受寒而发，所以在饮食上更要少寒多温。少吃冰激凌、西瓜、黄瓜、苦瓜等寒凉食物，以免身体受寒，影响脾胃功能，导致消化不良、腹泻等问题。可以适当多吃些羊肉、板栗等性温的食物，在祛寒补阳的同时，将食物的能量储存在身体中，滋养五脏，御寒保暖。

羊肉

板栗

大白菜

俗话说"百菜不如白菜"，入冬之后大白菜就成了北方的"当家菜"。大白菜富含维生素 C、膳食纤维等，可以护肤养颜、润肠通便，而且还有生津养胃的作用。

健康吃法：炒食、煮汤。

乌鸡

乌鸡具有很强的补虚劳、养气血的功效，适合冬天食用，可益气补血、补虚除劳、养阴。

健康吃法：炖食、煲汤。

大葱

大葱性温，味辛，立冬时节，适当多吃些大葱，可以帮助身体祛寒除湿、生发阳气，从而抵御寒冷，减少疾病的发生。

健康吃法：炒食、做馅。

立冬
推荐食材

羊肉

羊肉性温，味甘，可以益气补虚、温中暖下。冬天吃羊肉不仅能滋补身体，还能帮助抵御风寒。

健康吃法：炒食、煲汤。

杨力教授养生小课堂

天冷"老慢支"加重，
桔梗代茶饮帮助止咳化痰

冬天气候寒冷，容易发生呼吸道感染，导致"老慢支"（老年人慢性支气管炎）复发，可饮用桔梗代茶饮。将5克桔梗用开水浸泡或者稍煮代茶饮，可以散寒利气、止咳化痰，缓解冬季咳嗽、痰多等症。

糯米

冬天天气寒冷，易亏损胃气，而糯米性温，味甘，可以补中益气、健脾养胃，帮助滋养身体。

健康吃法：蒸食、煮食。

党参枸杞煲乌鸡

益气
补血

材料 乌鸡300克，党参10克，枸杞子、桂圆肉各适量。

调料 姜片、盐各适量。

做法

1 乌鸡洗净，切块，用沸水略烫煮后捞出；党参洗净，切段。

2 煲锅中放入鸡块、党参、姜片、枸杞子、桂圆肉，加适量清水，煮2小时，加盐调味即可。

功效 乌鸡可益气补血、补虚除劳；党参可健脾益肺、养血生津；枸杞子可养阴补血、滋补肝肾；桂圆可补血安神。四者搭配食用，可补气养血、强健身体、安神。

醋熘白菜

滋阴
润燥

材料 大白菜300克，醋10克。

调料 盐、花椒各适量。

做法

1 大白菜洗净，切段。

2 锅内倒油烧热，下花椒炸至表面变黑，捞出，放大白菜段翻炒至熟，出锅前加醋、盐调味即可。

功效 大白菜可以解毒通便、养胃生津，对于肺热咳喘、便秘、感冒、冻疮等有很好的辅助疗效。此外，冬天天气干燥，而大白菜含水量高，有助于滋阴润燥、护肤养颜。

补肾
散寒

子姜炒羊肉丝

材料 羊肉250克，子姜30克，红彩椒50克。

调料 青蒜段10克，料酒、生抽各3克，盐适量。

做法

1 羊肉洗净，切丝，加料酒、盐腌10分钟；子姜洗净，切丝；红彩椒洗净，去蒂及子，切丝。

2 锅内倒油烧热，炒香子姜丝，放入羊肉丝炒熟，放入红彩椒丝、青蒜段略炒，加生抽炒匀即可。

功效 羊肉可以补肾壮阳、行气活血，姜可以解表散寒。二者搭配可以补肾散寒，缓解因肾阳不足引起的腰膝酸软、手脚冰凉等症。

补肾
养胃

糯米肉丸

材料 糯米130克，猪肉馅200克，蛋清2个。

调料 蒜末、姜末、葱花各5克，酱油、盐、胡椒粉各2克，水淀粉适量。

做法

1 糯米洗净，浸泡4小时，沥干；猪肉馅中放入蛋清、水淀粉、盐、姜末、蒜末、酱油、胡椒粉和清水搅匀，搓成丸子，裹满糯米，放入蒸笼中。

2 将蒸笼放入锅中，大火蒸35分钟，撒上葱花即可。

功效 糯米可以补中益气、健脾养胃、止虚汗；猪肉可以补肾滋阴、养血润燥。二者搭配食用可以补肾养胃。

板栗山药红枣粥

材料　山药50克，板栗60克，大米80克，
　　　枸杞子5克，红枣6枚。

做法

1　板栗取肉；大米洗净，浸泡30分钟；山
　药洗净，去皮，切小块；红枣洗净，去核；
　枸杞子洗净。

2　锅内加适量清水烧开，加入大米、山药块、
　红枣和板栗肉，大火煮沸后转小火煮30分
　钟，加入枸杞子继续煮10分钟即可。

功效　板栗可以益气血、健脾胃、补肾强筋；
山药可以健脾养胃、生津益肺；红枣可以益
气补血；枸杞子可以滋补肝肾。这些食材搭
配熬成粥，适合冬天食用，可以养胃、强肾
健脾，对身体有很好的滋补效果。

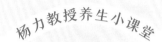

生姜外用
对风湿性关节炎有良效

立冬后天气开始变冷，风湿性
关节炎患者易出现关节疼痛、
肿胀等不适。此时可以将生姜
切片，然后蘸香油反复擦抹痛
处，再将生姜在炭火中煨热，
捣烂敷于痛处，盖以纱布，包
扎固定，此法有利于驱寒止痛，
缓解风湿性关节炎的疼痛。

强肾
健脾

\ 烹饪妙招 /

生板栗不易剥壳和皮。可以从中间切个小口，
放入盐水中煮5分钟，再趁热去掉板栗壳和皮。

小雪

温肾阳，来年阳气长

小雪：11月22日或23日。

小雪气候：小雪节气，气温下降，部分地方气温已降至0℃以下，此时寒潮和强冷空气活动频繁，并且降水量开始增加。

小雪三候：一候虹藏不见；二候天气上升地气下降；三候闭塞而成冬。

古人的小雪，是这样吃的

多吃温热及黑色食物

> 《黄帝内经》载："其在天为寒……在藏为肾，在色为黑。"

中医认为冬季在五脏中对应肾，在五色中对应黑。所以，此时可以多吃一些温热的、黑色的食物，如黑豆、黑芝麻、木耳、黑米、乌鸡等，以补养肾气，帮助身体抵抗寒冷。

黑豆

黑芝麻

黑米

乌鸡

减咸增苦，滋养心气

《千金药方》载："冬七十二日，省咸增苦，以养心气。"

《摄生消息论》载："冬月肾水味咸，恐水克火，心受病耳，故宜养心。"

小雪节气后，天气更为寒冷，自然界真正进入万物收藏的阶段，人体的肾气旺盛，心气虚。根据中医理论，肾主咸，心主苦。因此，饮食上宜减少咸味食物，增加苦味食物，以抵御肾水，养护心气，避免本来就偏亢的肾水更亢，使心阳的力量减弱。饭菜应以清淡为宜，减少食盐摄入，少吃海鲜，多吃苦瓜、苦菊、芹菜、莴笋等苦味食物。

吃糍粑，强体能

在南方一些地方，有农历十月吃糍粑的习俗，所以有"十月朝，糍粑禄禄烧"的俗语。有的地方将糍粑做成圆形，象征着丰收和团圆。这个时候天气寒冷，吃点糯米制品，不仅可以满足人们的味蕾，还可以补充热量，增强体能。

糍粑

杨力教授养生小课堂

肾虚尿频乏力，韭菜粥有良效

韭菜可温中行气、暖腰膝、壮阳固精，搭配大米煮粥可辅助治疗肾虚、尿频、乏力等症。取韭菜段100克，大米50克，盐适量。大米煮粥至稠，放入韭菜段，加盐调味即可。

苦荞麦

中医认为，苦荞麦有健脾消积、下气宽肠、解毒的作用。苦荞麦中富含膳食纤维，冬天吃些苦荞麦面，喝些苦荞麦茶，可促进肠道代谢，适合在容易发生便秘的冬季饮用。

健康吃法： 泡茶、制作面食、煮粥。

鳝鱼

鳝鱼性温，味甘，入肝、脾、肾经，可以补肾强骨、缓解腰膝酸软和腰痛。此外，鳝鱼对风寒湿痹之症有辅助治疗作用，有助于除风湿。

健康吃法： 炒食、煮食、蒸食。

黑豆

黑豆性平，味甘，归脾、肾经，可以补肾强骨。冬季是滋补肾阳的好时节，适当多吃黑豆，可补养肾脏。此外，黑豆是黑色食物，冬季"在藏为肾，在色为黑"，适合冬天补肾食用。

健康吃法： 煮食、炖食。

小雪
推荐食材

苦菊

苦菊性寒，味苦，归心、脾、胃、大肠经，可以清热解毒、凉血止血。冬季讲究进补，但也要适当地进食一些苦味食物以防上火。

健康吃法： 凉拌、炒食。

杨力教授养生小课堂

阳气不足、阳虚
食用羊肾粥可以补肾壮阳

取羊肾、大米各 100 克，葱白段 30 克，姜片 3 克，盐适量。羊肾洗净，切小块，大米浸泡 30 分钟，将羊肾块放入锅中，加水煮开，加入大米、葱白段、姜片煮粥，煮至粥软熟烂，加盐调味即可。此粥适用于肾虚引起的腰痛、遗精、阳痿等症。

板栗荞麦南瓜粥

暖养脾胃

材料 苦荞麦20克，南瓜50克，大米、
　　　板栗肉各40克。

做法

1 南瓜洗净，去皮及瓤，切小块；苦荞
　麦洗净，浸泡4小时；大米淘洗干净，
　浸泡30分钟；板栗肉洗净，切小块。

2 锅内加适量清水烧开，放入苦荞麦、
　大米、板栗肉，大火煮开后转小火煮
　40分钟，加南瓜块煮至粥烂熟即可。

鳝鱼豆腐汤

补肾强骨

材料 鳝鱼、豆腐各200克。

调料 葱花、姜丝、蒜末、盐、胡椒
　　　粉各适量。

做法

1 鳝鱼去头、尾、内脏，用盐水洗去黏
　液，切成3厘米的段，焯水，捞出备
　用；豆腐洗净，切块，焯水沥干备用。

2 锅内倒油烧至七成热，放入鳝鱼段
　煎至两面金黄，放入姜丝、蒜末翻炒，
　加水没过鳝鱼，水烧开后放入豆腐块
　继续煮15分钟，加盐、胡椒粉调味，
　撒上葱花即可。

补虚
健肾

黑豆紫米粥

材料 黑豆、紫米各 50 克。

做法

1 黑豆、紫米洗净，浸泡 4 小时。

2 锅内加适量水，加紫米、黑豆煮开，转小火煮至粥熟即可。

功效 黑豆可以固肾益精、调养肾虚，与紫米搭配煮粥食用，可以滋阴补肾、明目活血，有助于增强身体抗病力、缓解疲劳。

开胃
补肾

什锦沙拉

材料 鸡胸肉 100 克，苦菊、莲藕各 50 克，豌豆 30 克，红彩椒、黄彩椒各 20 克，鹌鹑蛋 3 个。

调料 橄榄油、盐、醋各适量。

做法

1 鸡胸肉洗净，焯熟，撕成条；豌豆洗净，焯熟；莲藕洗净，去皮，切丁，焯熟；鹌鹑蛋洗净，煮熟，去壳，切半；红彩椒、黄彩椒洗净，去蒂及子，切丝；苦菊洗净，沥干水分。

2 碗内倒入橄榄油、盐和醋拌匀，浇在装有所有食材的盘中，拌匀即可。

功效 苦菊可以清热解毒、利水消肿，与鸡胸肉、莲藕等做成沙拉，荤素搭配营养更全面，冬天食用有助于养心去火，维持人体的阴阳平衡。

西洋参姜茶

在小雪节气，阴邪的寒湿之气开始上升，如果不进行防护，邪气侵入人体，就容易引起感冒、咳嗽等症。日常饮用西洋参姜茶可以帮助人体散寒祛湿，健脾胃。

材料　木瓜、陈皮、西洋参、干姜、炙甘草各 1 克。
做法
1 将所有材料洗净。
2 放入杯中，冲入沸水，盖上盖子闷泡 15 分钟后即可饮用。
功效　此茶在小雪节气饮用，不仅可以让胃里暖暖的，还可以散寒祛湿、增强身体的抗病力。

散寒
祛湿

莫怪虹无影，如今小雪时。阴阳依上下，寒暑喜分离。
满月光天汉，长风响树枝。横琴对渌醁，犹自敛愁眉。

——《咏廿四气诗·小雪十月中》

大雪

温补避寒，防燥护阴

大雪：12月6日、7日或8日。

大雪气候：大雪节气标志着仲冬时节的开始，此时气温显著下降、降水量增多。

大雪三候：一候鹖鴠不鸣；二候虎始交；三候荔挺出。

古人的大雪，是这样吃的

多吃温热补益的食物

大雪节气后，天气越来越寒冷了，此时可以吃一些温热补益的食物以强身健体、暖身御寒，如羊肉、牛肉、桂圆、红枣、核桃等。

羊肉

桂圆

核桃

以滋阴潜阳为原则

冬季是封藏的时节，天寒地冻，人容易损伤阳气，所以最好不要惊扰阳气、损伤阴精。此时宜早睡晚起，顺应自然界特点，适当减少活动，以滋阴潜阳为原则，潜藏阳气并积蓄阴精。可以多食用百合、黑芝麻、山药、木耳、莲藕等滋阴食物，尤其是体弱多病、精气亏损的中老年人，更应注意阴阳平衡。

黑芝麻

山药

木耳

大雪腌肉

俗话说"小雪腌菜，大雪腌肉""未曾过年，先肥屋檐"，说的就是大雪腌肉的习俗。古代没有冰箱，人们就利用此时的气候特点来保存食物，这种习俗不仅是一种食物保存方法，也是文化传承的一部分。传说这个习俗跟年兽有关，每到除夕，年兽都会出来伤人，人们就把肉腌起来保存，足不出户躲几天。于是大雪腌肉的习俗就这样流传了下来。大雪节气一到，人们开始忙碌起来腌制肉类以迎接即将到来的新年。

在食用腌肉的时候，由于腌肉本身添加了盐等调料，烹制时可以不用再放盐。如果觉得咸，可以先用水煮一下，烹调时尽量不要用煎炸等高温烹饪方式，可以适当加点醋以解腻。

腌肉

杨力教授养生小课堂

橘皮生姜水
帮助缓解冻疮

冻疮常见于冬季，冷空气与潮湿的环境是手脚冻伤的帮凶。出现冻疮后可以取鲜橘皮60克，生姜片30克，加适量清水煎煮15分钟，取出橘皮和姜片，待水温降至皮肤能耐受的温度，将患处在水中浸泡20分钟，每晚1次。橘皮生姜水可帮助加快血液循环，有活血散寒、消肿止痛的功效。

鲜橘皮

生姜片

木耳

木耳营养丰富，被称为"素中之荤"。
木耳味甘，性平，可以补血、补气
益肺、润肠通便。

健康吃法： 凉拌、炒食、煮食。

桂圆

"南方桂圆北方参"，桂圆的营养价
值极高，可以养心安神、壮阳益气，
适合冬天食用。桂圆可以与红枣、莲
子等食材搭配煮粥、泡茶、煲汤等，
补气血的同时还可以促进血液循环，
调节免疫力，改善手脚冰凉等症。

健康吃法： 生食、煮食、泡茶、做汤羹。

大雪
推荐食材

牛肉

牛肉性平，味甘，可以健脾养胃、
补中益气，冬季吃牛肉有助于强
筋壮骨，缓解身体疲劳。

健康吃法： 炒食、煮食、炖食。

杨力教授养生小课堂

炒盐熨敷缓解腰背痛

大雪时节天气寒冷，腰背等处容
易受冷出现疼痛。此时可取盐
1包（500克），干姜1块（30
克）。将干姜研成末，和盐倒入
锅中，用小火慢慢加热，边加热
边搅拌，直至温度达50～60℃
时，即可倒入布袋中，将袋口扎
好。在温度适宜时将其置于腰背
部，每次20～30分钟，每天2
次。此方可以防寒保暖，加速血
液循环，缓解腰背痛。

羊肉

羊肉是冬季进补的好食材，俗语有"大
雪到，羊肉俏"的说法。羊肉属于温
热食物，冬季吃羊肉既能暖身御寒，
又能补身体。

健康吃法： 炒食、煮食、炖食。

滋阴
补肾

桂圆豆枣粥

材料　桂圆肉15克，黑豆30克，红枣
　　　20克，大米50克。

调料　白糖、桂花糖各适量。

做法

1 黑豆用水浸泡至发胀,红枣洗净去核,
　大米洗净，浸泡30分钟。

2 黑豆放入锅中，加适量水，大火烧
　沸后，转小火慢慢熬煮。

3 煮至黑豆八成熟时，加入红枣及大
　米，继续熬煮至豆烂熟，加入桂圆肉
　稍煮片刻，关火后闷5分钟左右，调
　入白糖、桂花糖至化开即可。

健脾
固肾

板栗山药牛肉粥

材料　板栗10个，牛肉150克，山药、
　　　大米各100克。

调料　盐、料酒、白胡椒粉各适量。

做法

1 牛肉洗净，切片，加盐、料酒、白胡
　椒粉腌一下，备用；板栗去壳；山药
　洗净，削皮，切小段；大米洗净，浸
　泡30分钟。

2 锅内加清水烧开，将大米放入锅中
　煮沸，下入腌好的牛肉片，改小火慢
　慢熬煮，期间搅动防止粘锅。

3 煮至牛肉和大米软烂，下入板栗和
　山药段，继续小火熬煮至粥稠即可。

萝卜羊排汤

材料 羊排骨 100 克，白萝卜 150 克。

调料 盐 2 克，姜片、葱段各 5 克，料酒 10 克，葱花少许。

做法

1 羊排骨洗净，剁成大块，沸水焯烫，捞出，用温水冲净备用；白萝卜去皮洗净，切厚片。

2 煲锅中倒适量清水，放羊排骨块、姜片、葱段、料酒大火煮沸后改小火炖 1 小时，加白萝卜片继续炖煮约 30 分钟，加盐调味，撒上葱花即可。

功效 羊肉可以祛寒暖身，有很好的温补效果；白萝卜可以调理内热、消食化痰、润肺去火。二者搭配不仅可以暖胃养身，还有助于调节免疫力。

《本草从新》载羊肉："补虚劳，益气力，壮阳道，开胃健力。"冬季吃羊肉有很好的补虚益气的效果，但吃肉多易生痰。而白萝卜可以消食化痰、下气宽中。因此，冬季在吃肉的时候搭配白萝卜，不仅不易上火，还能达到良好的滋补作用。

―― 更多搭配 ――

☑ 白萝卜 + 羊肉 = 补肾强身，温阳

☑ 白萝卜 + 蛤蜊 = 强心护肝

☑ 白萝卜 + 海带 = 化痰散结

祛寒暖身

\ **烹饪妙招** /

羊肉可先焯水处理，一方面可以去膻，另一方面可以去血沫，煮出的汤品相更好。

木耳粥

材料　大米 100 克，干木耳 5 克，红枣 6 枚。

做法

1 干木耳泡发，洗净，切丝；红枣洗净，去核；大米洗净，用水浸泡 30 分钟。

2 锅内加适量清水烧开，加入红枣、木耳和大米，大火煮开后转小火，煮 40 分钟至粥软糯即可。

功效　木耳可以补气养血；红枣可以补中益气、养血安神。二者搭配煮粥可以养血益气，增强身体抗病力，对疲倦乏力、面色萎黄或苍白、畏寒等症有一定帮助。

更多搭配！

☑ 木耳＋竹笋＝补血，排毒

☑ 木耳＋瘦肉＝补血益气

☑ 木耳＋山药＝养护心血管

《老老恒言》载木耳粥：『益气不饥，轻身强志。』

养血益气

\ 烹饪妙招 /

干木耳应现食现泡，可用凉水（冬季可用温水）泡发。浸泡 3～4 小时，以木耳膨胀到半透明状即泡发好。

冬至

护阳气，巧进补

冬至：12月21日、22日或23日。

冬至气候：冬至标志着即将进入寒冷时节，此时开始"数九"，每九天算"一九"，直到"九九"，象征着冬天即将过去。

冬至三候：一候蚯蚓结，二候糜角解，三候水泉动。

古人的冬至，是这样吃的

冬至吃饺子、汤圆，祛寒、暖身

> 邯郸驿里逢冬至，抱膝灯前影伴身。想得家中夜深坐，还应说着远行人。
>
> ——白居易《邯郸冬至夜思家》

冬至被视为冬季的重要节日，有"冬至大如年"的说法。白居易的这首诗就写出了他冬至客居异乡对家人的思念之情。

民间有"冬至不端饺子碗，冻掉耳朵没人管"的谚语。冬至北方大部分地区在这天都要吃饺子。冬至吃饺子的习俗要从医圣张仲景说起，相传张仲景辞官回乡，正值冬季，大雪纷飞，百姓们饥寒交迫，耳朵都冻伤了。他为了救治

羊肉　　白菜

白菜羊肉馅饺子

百姓，做了一道"祛寒娇耳汤"，汤里有一种像耳朵一样的面食，人们吃后浑身温暖，两耳发热，冻伤就被治好了。后来"娇耳"演化成了"饺子"，为了纪念医圣张仲景，冬至吃饺子的习俗也延续了下来。

芹菜

牛肉

牛肉芹菜馅饺子

　　冬至吃汤圆在一些南方地区较为盛行。寓意着团团圆圆，所以冬至吃的汤圆又叫作"冬至团"。

汤圆

多吃养阳、散寒的食物

　　　　《月令七十二候集解》载："冬至，十一月中。终藏之气至此而极也。"

　　冬至时太阳运行至最南，此时昼最短、夜最长，阴寒达到极致，阳气准备上升。在这阴阳交替的关键时刻，多吃些养阳、散寒的食物对身体非常有好处，如生姜、韭菜、茴香、洋葱等。

　　此外，可以吃些坚果，如花生、核桃、榛子等，补充热量以御寒。

不宜过食鱼、肉

　　民间素有"鱼生火，肉生痰，萝卜白菜保平安"之说，所以冬季不可一味进补。冬季人体阳气藏于内，阴气充于外，易郁闭而生痰火，如果过量食用肉类及鱼类，就更容易出现痰瘀互结、湿邪堆积。此时可以吃些白萝卜、大白菜等以促进肠道蠕动，帮助消化。

猪肉

猪肉味甘、咸，可以滋阴补肾、润燥补血。冬至天气更为寒冷，此时食用猪肉可以起到滋阴润燥的作用，缓解皮肤干燥、口渴等不适。

健康吃法：炒食、煮食、炖食。

黄豆

《黄帝内经》将黄豆比作"肾谷豆"，具有很好的补肾作用。

健康吃法：煮食、炖食、打浆。

生姜

生姜味辛，可以解表散寒、化痰止咳、温中止呕，还能帮助调理风寒感冒引起的恶寒发热、头痛鼻塞、寒痰咳嗽等症。

健康吃法：炒食、煮汤。

冬至推荐食材

枸杞子

枸杞子是一种药食同源的食物，可以补益肝肾、养肝明目。冬季食用枸杞子有助于温暖身体、缓解疲劳，改善眩晕耳鸣、目昏不明等症。

健康吃法：泡水、炖食。

桂皮

桂皮味辛、甘，性温，可以温脾胃、暖肝肾、祛寒止痛。冬季用桂皮做调味料能促进体内血液循环，增强人体的抗寒能力，缓解手脚冰冷。

健康吃法：煮食、炖食。

杨力教授养生小课堂

葱白大蒜饮
帮助调理流行性感冒

《食疗本草》记载：葱白可以祛风发汗，对冬季风寒引起的鼻塞、头痛、发热无汗等感冒症状有缓解作用。取葱白段250克、大蒜片120克，将二者放入锅内，加入适量清水煎煮10分钟即可。每天饮用3次，每次100~150毫升，连服2~3天。

散寒
止痛

桂皮山药板栗粥

材料 糯米、板栗肉各50克，山药30克，
白术20克，桂皮、干姜各10克，
茯苓15克，甘草6克。

做法

1 所有材料洗净，糯米浸泡30分钟；
山药去皮，切丁。

2 将白术、桂皮、干姜、甘草放进砂锅
中加水浸泡，先煎30分钟倒出药汁。
再加水煎20分钟后将药汁倒出来，
两次药汁混合倒入砂锅。

3 放入山药丁、茯苓、板栗肉、糯米，
用小火炖煮成粥即可。

功效 此粥能散寒止痛、健脾补益。

枸杞子粥

养心
补肾

材料 山药80克，糙米30克，大米40克，
枸杞子5克。

做法

1 糙米洗净后用水浸泡4小时；大米洗
净，浸泡30分钟；山药洗净，去皮，
切丁；枸杞子洗净。

2 锅内加适量清水烧开，加入糙米、
大米，大火煮开后转小火煮40分钟，
放入山药丁、枸杞子煮10分钟即可。

＼ 烹饪妙招 ／

做汤粥时加入枸杞子，最好在汤粥收
尾的时候放入，这样可以避免长时间
加热导致枸杞子的营养流失。

黄豆炖猪蹄

材料 猪蹄150克，水发黄豆80克。

调料 酱油、料酒各15克，葱花、姜片各5克，胡椒粉、盐各适量。

做法

1 猪蹄洗净，剁块，加料酒焯去血水；黄豆洗净。

2 油锅烧热，爆香姜片，放猪蹄块爆炒，加黄豆、酱油和清水煮沸后转小火煮熟，加胡椒粉、盐调味，撒上葱花即可。

功效 黄豆可以补肾，也是健脾补虚的好食材；猪蹄可以补血益肾、滋阴润燥。二者搭配食用可以养阳益肾，增强身体抗病力。

养阳益肾

冬至子之半，天心无改移。一阳初起处，万物未生时。

玄酒味方淡，大音声正希。此方如不信，更请问庖牺。

——《冬至吟》

这首诗形象说明了冬至节气的重要性，四季走到了冬至节气，万物皆静，但处于萌发阶段，蓄势待发。此时吃黄豆炖猪蹄可以滋补气血、养阳益肾，适宜冬天气血不足所致的腰膝酸软、手脚冰凉、四肢无力等症。

当归生姜羊肉汤

材料 羊瘦肉 250 克，当归、姜片各 10 克。

调料 盐适量。

做法

1 羊瘦肉洗净，切块，放入水中焯烫去血水；当归洗净浮尘。

2 锅置火上，倒油烧至七成热，炒香姜片，放入羊肉块、当归翻炒均匀，倒入适量清水，大火烧开后转小火煮至羊肉烂熟，加盐调味即可。

功效 当归是中医常用的补血药，可以养血补血；生姜可以温中散寒、发汗解表；羊肉可以温中补虚、补血助阳。三者搭配食用可以温中补血、祛寒止痛，增强身体御寒能力。

更多搭配

- ☑ 羊肉 + 韭菜 = 温肾壮阳，缓解腰膝酸软
- ☑ 羊肉 + 冬瓜 = 滋补润燥
- ☑ 羊肉 + 山药 = 补脾益肾

温中散寒

《金匮要略》载：「当归三两，生姜五两，羊肉一斤。上三味，以水八升，煮取三升……若寒多者，加生姜成一斤……加生姜者，亦加水五升，煮取三升二合，服之。」

中医认为"人参补气，羊肉补形"。吃羊肉可促进血液循环，增强御寒能力。在中医学经典名著《金匮要略》中就有一款温补方剂——当归生姜羊肉汤，特别适合在冬季喝，可以祛寒暖体。

小寒

养肾防寒，保暖为主

小寒：1月5日、6日或7日。

小寒气候：小寒标志着气候开始进入一年中最寒冷的一段日子，俗语有"小寒时处二三九，天寒地冻冷到抖"。对于北方地区，小寒节气较大寒节气冷，也是一年中最寒冷的时段；而对于南方大部分地区，大寒节气更冷。

小寒三候：一候雁北乡；二候鹊始巢；三候雉始雊。

古人的小寒，是这样吃的

"腊八"遇小寒，吃粥保平安

腊八节是小寒节气中最重大的节日。自古就有腊八节当天用腊八粥祭祀祖先和神灵、祈求丰收吉祥的传统。现在，腊八节喝腊八粥也变成了节日传统。腊八粥主要由各种谷物、豆类、干果等熬制而成。常用的食材包括大米、薏米、糯米、红豆、绿豆、百合、莲子、核桃、葡萄干等。

腊八粥

腊八节这天，很多人还会泡腊八蒜。泡好的腊八蒜色泽翠绿、酸甜适中、口感脆爽，是过年期间不可或缺的美味。腊八节不妨自制腊八蒜，体验中国传统文化。

1. 大蒜去皮。

2. 将大蒜放入干燥、干净的容器，加没过大蒜的米醋，可以加点白糖调味。

3. 密封后，放在家里阴凉的地方。

4. 三周左右，大蒜变成翠绿色，就可以吃了。

饮食温补，忌燥热、寒凉

小寒节气，天气寒冷干燥，应根据自身体质选择一些温补的食物来滋补强身。煎、烤、炸等燥热食物如炸鸡、炸薯条、烤肉串、烤鱼等应当少吃。冬季，人的脾胃功能相对虚弱，若再食生冷及寒凉性食物，易损伤脾胃阳气，因此冬天要少食生梨、柿子、荸荠、冰激凌等生冷食物。

杨力教授养生小课堂

山楂柿叶茶，
散瘀止痛，帮助预防心血管疾病

天气寒冷容易诱发心血管疾病，日常宜喝山楂柿叶茶。取柿叶10克，山楂12克，茶叶3克，一起放入茶杯中用开水冲泡即可。山楂含有三萜类物质，有强心、增加冠状动脉血流、改善血流循环等作用。柿叶含有黄酮类物质，具有保护心脑血管、抗氧化、调节免疫力等作用。

香菇

中医认为香菇可以补肾健脾、益气活血，且其属高钾低钠食材，对稳定血压、保护血管很有益处。冬季经常食用香菇有助于肾脏新陈代谢，调节人体免疫功能，预防感冒等疾病。

健康吃法：炒食、煮食。

核桃

核桃营养丰富，被誉为"长寿果"。中医认为核桃可以补肾、温肺、润肠。冬季食用核桃有着不错的温补肾阳功效，可以固精强腰、温肺定喘。

健康吃法：生食、炒食、煮食。

小寒
推荐食材

糯米

糯米是一种热量较高的食物，可以补中益胃、健脾补气。冬季食用可以为身体提供足够的热量，以保暖御寒。

健康吃法：蒸食、煮食。

红薯

吃一块热气腾腾的烤红薯是冬季里的一份幸福感。红薯是一种营养丰富的食材，能补中和血、滋补肾阴、健脾益胃、宽肠通便。

健康吃法：蒸食、烤食、煮食。

花生

花生在民间被称为"长生果"，从中医角度来看，花生可以醒脾和胃、润肺化痰、滋养调气，有助于缓解咳嗽痰喘、肠燥便秘等症。从营养学角度来看，花生中的不饱和脂肪酸有助于降低血中胆固醇含量，预防动脉粥样硬化。

健康吃法：生食、炒食、煮食。

补肾
健脾

板栗炒香菇

材料 水发香菇200克，板栗肉30克，油菜50克。

调料 葱花、姜片、蒜片各5克，高汤20克，盐、胡椒粉、水淀粉各适量。

做法

1 水发香菇切片；油菜洗净，切段；板栗肉洗净，切片，放入开水中煮至六成熟，捞出，沥干。

2 油锅烧热，爆香葱花、姜片、蒜片，放板栗片、油菜段、香菇片略炒，加高汤烧开，放盐、胡椒粉调味，用水淀粉勾薄芡即可。

健脾
益胃

烤红薯

材料 红薯1根。

做法

1 红薯洗净，用锡纸包好，放入烤箱用中火200℃烤1小时左右。

2 打开锡纸，重新放入烤箱，再烤5~10分钟，直至表皮鼓胀并发焦、溢出香味，关火，在烤箱中闷片刻即可。

补血
养心

莲子花生红豆粥

材料 大米、红豆各50克，莲子、花生各30克。

调料 红糖适量。

做法

1 红豆、莲子洗净，浸泡4小时；大米洗净，浸泡30分钟；花生洗净。

2 锅内加适量清水烧开，加入红豆、大米、莲子和花生，大火煮开后转小火煮至粥稠，加入红糖至化开即可。

功效 红豆可以补血养心、强脾健胃；莲子可以养心安神；花生可以健脾和胃、润肠通便。三者搭配食用可以补血养心，有助于心血管健康。

补气
暖胃

糯米糍粑

材料 糯米500克，熟黄豆粉、熟花生粉各50克。

调料 红糖50克。

做法

1 熟黄豆粉、熟花生粉放入大碗中，混合均匀；红糖中加入少许热水，用微火煮至红糖水微微黏稠,做成红糖浆。

2 糯米洗净，浸泡2小时，捞出沥干，蒸40分钟至熟，倒入大盆中，用木杵反复捶打至糯米饭完全没有米粒，成米团。

3 将做好的米团搓成乒乓球大小的球形，放入混合粉中裹满粉末，淋上红糖浆即可。

红糖核桃仁

材料 核桃仁 100 克，红糖 20 克。

做法

1 锅内倒入适量清水烧开，放入核桃仁焯烫 2 分钟，捞出沥干。

2 将核桃仁放入烤箱，180℃、上下火烤 20 分钟。

3 锅置火上，放入红糖、适量清水熬成糖汁，待黏稠时关火。

4 倒入烤好的核桃仁，拌匀，迅速出锅即可。

功效 核桃仁中含有的油脂和丰富的膳食纤维，有助于改善肠燥便秘、滋润皮肤，适合在冬天干燥季节里食用。

《武林旧事》载：『珑缠果子一行……珑缠桃条，酥胡桃。』

补肾润肠

冬季是补肾养肾的季节，核桃可以益肾气、补肾强肾，是不错的选择。《武林旧事》中载南宋御宴上有一小吃——酥胡桃，其在核桃仁外裹琥珀色糖浆，香甜酥脆、齿颊留香，非常受欢迎。

杨力教授养生小课堂

百合银耳豆浆，缓解肺部不适

此时天气寒冷，北方室外与室内温差大，容易引发肺部不适，喝百合银耳豆浆可以缓解。取黄豆 40 克，鲜百合、水发银耳各 10 克，绿豆 20 克，冰糖 2 克。将黄豆、百合、银耳倒入全自动豆浆机中，加饮用水至上下水位线之间，按下"豆浆"键，煮至豆浆机提示豆浆煮好，加冰糖搅拌至化即可。此饮品可润肺润燥，缓解咽干、口干、鼻干、燥咳等不适。

大寒

温补防风邪、抗严寒

大寒： 1 月 20 日或 21 日。

大寒气候： 大寒是二十四节气中的最后一个节气。此时是我国大部分地区一年中最冷的时期，风大、低温、地面积雪不化，呈现出冰天雪地、天寒地冻的严寒景象。

大寒三候： 一候鸡乳；二候征鸟厉疾；三候水泽腹坚。

古人的大寒，是这样吃的

吃块"消寒糕"，暖身祛寒、滋养气血

民间自古以来就有大寒节气吃糯米驱寒的说法，在北京有吃"消寒糕"的习俗。消寒糕是用糯米制作的一种年糕，糯米属于温性食物，吃后可以驱散身体的寒气。大寒吃消寒糕，还有"年年平安、步步高升"的美好寓意。

消寒糕

吃适量辛温食物

《本草纲目》载："春用辛凉以伐木……冬用辛热以涸水。"

在一年内最冷的时节，寒气容易刺激脆弱的呼吸道，引发呼吸系统疾病，饮食中应多吃一些温散风寒的食物。此外，可以适量食用一些花椒、桂皮、生姜等辛温食物以防御风邪侵扰。

花椒

生姜

以养"藏"为主

《春秋繁露·阴阳出入上下》载："小雪而物咸成，大寒而物毕藏，天地之功终矣。"

大寒节气是冬季"闭藏"的最后阶段，也是阳气从敛藏到生发的关键过渡期。因此，大寒节气养生的基本原则还应以养"藏"为主，起居宜早睡晚起，不要过度劳累，使神志藏于内。饮食上，可以多吃根茎类蔬菜，如芋头、山药、红薯、土豆等，它们蕴藏大地的能量，富含淀粉及多种维生素和矿物质，可提升人体的抗寒能力。

杨力教授养生小课堂

大寒宜进补，但不宜大补

俗话说"三九补一冬，来年无病痛"。大寒是冬季的最后一个节气，也是一年中最冷的节气，此时为抵御严寒，可以进补温热食物。但要注意的是，大寒也与立春相交接，饮食上要遵循养阴温阳的原则，由"冬藏"转为"春生"，不宜大补特补。对于阳气偏盛、易便秘和上火的人来说，更不宜刻意进补，应逐渐开始向清淡饮食转变。可以在吃牛羊肉时，加入大白菜、白萝卜等蔬菜，向立春过渡。

羊肉

中医认为羊肉性温，味甘，为补阳佳品，适宜冬季食用。羊肉可以补虚益气、温中暖下，对虚劳、腰膝酸软、脾胃虚寒有不错的调理效果。冬天多吃羊肉有助于提高身体素质，增强抗病能力。

健康吃法： 炒食、煮食、炖食。

茶树菇

茶树菇被称为"中华神菇"，可以健脾开胃、化痰理气。茶树菇含有多糖等植物化学物，有抗肿瘤、抗氧化的作用。

健康吃法： 炒食、炖食、煮汤。

牛肉

牛肉性温，大寒节气天气寒冷，宜多吃牛肉，可以快速补充热量，有助于暖身驱寒，是寒冬的进补佳品。

健康吃法： 炒食、煮食。

大寒
推荐食材

白萝卜

俗语说"萝卜上街，药铺停歇"，冬季是食用白萝卜的好时节。白萝卜可以生吃，也可以熟吃，功效各不同：吃生白萝卜可以清热生津、化痰止呕；熟白萝卜则有消食下气、健脾和胃的作用。建议脾胃虚寒的人吃熟白萝卜。

健康吃法： 凉拌、煮食、炖食。

大白菜

大白菜口味鲜美，且具有很高的药用价值。冬天天气干燥，常吃大白菜可以滋阴润燥、润肠排毒、护肤养颜，对肺热咳喘、便秘、感冒等也有不错的辅助疗效。

健康吃法： 炒食、炖食。

板栗

板栗有"干果之王"的美称，可以健脾胃、强筋骨、温补肾气。冬季容易阳气不足，出现腰膝酸软、易生病的情况，多吃点板栗能温补阳气，有助于提高身体抵抗外邪的能力。

健康吃法： 炒食、炖食。

祛寒
健脾

山药炖羊肉

材料 羊肉200克，胡萝卜、山药各
100克。

调料 盐2克，姜片、葱段、白胡椒粉、
料酒各适量。

做法

1 羊肉洗净，切块，焯水捞出备用；胡
萝卜洗净，去皮，切厚片；山药洗净，
去皮，切段。

2 锅内倒油烧热，炒香姜片和葱段，
放入羊肉块翻炒约5分钟。

3 加适量清水和料酒，大火烧开后转
小火炖约2小时，加入胡萝卜片、山
药段炖20分钟，加盐、白胡椒粉调
味即可。

参芪羊肉粥

材料 大米100克，羊肉200克，人参
2克，黄芪10克。

调料 老姜10克，白胡椒粉、盐各适量。

做法

1 大米洗净，浸泡30分钟；羊肉洗净，
切块，焯水捞出备用；老姜洗净，切
片；人参、黄芪洗净，放入清水中，
煎取药汁待用。

2 锅内倒入适量水烧开，加入大米，
煮开后放入姜片、药汁、羊肉块，大
火烧开后转小火煮1小时，加白胡椒
粉、盐调味即可。

功效 人参和黄芪可以益气血、暖身，
羊肉可以补肾阳。三者一起煮粥食用，
可以补肾益气。

补肾
益气

注 人参是补药，宜小量服用，每日
1~2克即可。青少年、高血压患者，
及有实证、热证等的人都不宜服用。

茶树菇老鸭汤

滋阴补肾

材料 茶树菇、火腿各20克，老鸭1只，冬笋30克。

调料 盐、葱花、姜片各适量。

做法

1 茶树菇洗净；火腿切片；冬笋洗净，切段；老鸭洗净，切块，焯水。

2 砂锅加清水，放入所有材料、姜片小火炖3小时，加盐调味，撒上葱花即可。

功效 茶树菇营养丰富，含有人体所需的多种氨基酸和矿物质，有较好的药用保健疗效。它与老鸭、冬笋、火腿一起做汤食用，可以滋补暖身、健脾益肾、滋阴润燥。

白菜炖豆腐

生津润燥

材料 大白菜300克，豆腐250克。

调料 葱段、姜片、盐各适量。

做法

1 大白菜、豆腐洗净，切块。

2 锅内倒油烧热，放入葱段、姜片炒香，加入大白菜片翻炒片刻，倒入适量清水没过大白菜，放豆腐块，大火烧开后转中火炖10分钟，加盐调味即可。

功效 白菜可以润肠排毒、利尿解渴；豆腐可以益气和中、生津润燥。二者搭配食用可以增强体质，缓解冬天便秘、大便干燥等症。

腊味糯米饭

材料 糯米、大米各50克，腊肠30克，干香菇3朵。

调料 盐适量。

做法

1 糯米洗净，浸泡2小时；大米洗净，浸泡30分钟；腊肠洗净，切小丁；干香菇泡发，去柄，切小块。

2 锅内放油烧至七成热，倒入糯米、大米用小火不断翻炒与油拌匀，然后加入少量开水，加盖焖3分钟，开盖翻炒，加少许水继续加盖焖煮，如此反复直到糯米涨发起来。

3 放入腊肠丁、香菇块，加少许水同炒，加盐调味，盖上锅盖以小火焖至米熟即可。

功效 糯米健脾补气、补中益胃，与腊肠、香菇搭配，口味鲜香，易于人体消化吸收。大寒时食用不仅可以滋补身体，还可以给身体增加热量，帮助抵抗寒冷。

俗话说"冬腊风腌，蓄以御冬"，冬天用腊肉、腊肠与糯米等一起做出香喷喷的腊味糯米饭，不仅解馋，还有助于抵抗寒冷、暖脾胃。

＼ **烹饪妙招** ／

炒糯米时要用小火，否则米炒不熟，还易煳。

暖脾
益胃

白萝卜牛肉粥

材料 牛肉、大米、小米、白萝卜各50克。

调料 盐、料酒、葱末、姜末各适量。

做法

1. 大米、小米洗净，浸泡30分钟；牛肉洗净，切小块，加葱末、姜末、料酒略腌，在沸水中焯片刻取出；白萝卜洗净，去皮，切小块。

2. 锅内加适量水烧开，放大米和小米，大火煮开后转小火煮20分钟，加入牛肉块、白萝卜块煮20分钟，加盐调味，撒上葱末即可。

功效 白萝卜可以润肺止咳、补气化痰；牛肉可以健脾强胃、益气补血。二者搭配可以补虚暖胃、强身健体。

更多搭配

☑ 牛肉 + 土豆 = 补脾益胃，强筋壮骨

☑ 牛肉 + 胡萝卜 = 健脾和中，促进肠道蠕动

冬季多吃牛肉有助于增强体质，以抵抗风邪侵袭。牛肉性温，适合冬季温补，自古就有"牛肉补气，功同黄芪"之说，与白萝卜搭配做粥食用，可以补气暖胃，有助于增强身体抵抗力。

\ **烹饪妙招** /

牛肉的纤维组织较粗，切牛肉时，要垂直肉的纹理切，这样切出来的肉不仅容易入味，也更容易嚼烂。

补气
暖胃